Library of
Davidson College

[IAMBLICHI]

THEOLOGVMENA ARITHMETICAE

EDIDIT

VICTORIVS DE FALCO

(MCMXXII)

EDITIONEM ADDENDIS ET CORRIGENDIS

ADIVNCTIS CVRAVIT

VDALRICVS KLEIN

STVTGARDIAE IN AEDIBVS B. G. TEVBNERI MCMLXXV

510.9
J27ia

CIP-Kurztitelaufnahme der Deutschen Bibliothek

Iamblichus ⟨Chalcidensis⟩
[Theologumena arithmeticae]
(Iamblichi) theologumena arithmeticae /
ed. Victorius de Falco — (1922) /
ed. addendis et corrigendis adiunctis
cur. Udalricus Klein.

(Bibliotheca scriptorum Graecorum
et Romanorum Teubneriana; 1446)
ISBN 3-519-01446-7

NE: HST; AST

Das Werk ist urheberrechtlich geschützt. Die dadurch begründeten
Rechte, besonders die der Übersetzung, des Nachdrucks, der
Bildentnahme, der Funksendung, der Wiedergabe auf photomechanischem oder ähnlichem Wege, der Speicherung und Auswertung in
Datenverarbeitungsanlagen, bleiben, auch bei Verwertung von Teilen
des Werkes, dem Verlag vorbehalten.
Bei gewerblichen Zwecken dienender Vervielfältigung ist an den
Verlag gemäß § 54 UrhG eine Vergütung zu zahlen, deren Höhe mit
dem Verlag zu vereinbaren ist.

81-5465

© B. G. Teubner, Stuttgart 1975
Printed in Germany
Druck: Julius Beltz, Hemsbach/Bergstr.

ALEXANDRO OLIVIERI

MAGISTRO AMATISSIMO
CUI
QUANTUM DEBEAM
NUMQUAM OBLIVISCAR

PRAEFATIO

De Arithmeticae Theologoumenorum codicibus perbreviter H. Pistelli[1]) unus disseruit, qui praeter libros manu scriptos quinque, quos novit, alios quosdam exstare coniecit. Hi vero, quod sciam, novem sunt, de quibus disserendum nunc censeo. *de codicibus*

Cod. olim Bessarioneus (f. 1ᵛ, 4 κτῆμα βησσαρίωνος M καρδηνάλεως τοῦ τῶν τούσκλων), nunc in Bibliotheca Veneta S. Marci 234, membr., saec. XV in., ff. 162, cm. 18, 5×12, 7, continet: πορφυρίου εἰς τὰς ἀριστοτέλους κατηγορίας κατὰ πεῦσιν καὶ ἀπόκρισιν (f. 1), τὰ θεολογούμενα τῆς ἀριθμητικῆς (f. 83), ἀδαμαντίου σοφιστοῦ φυσιογνωμονικῶν $\bar{α}$ (f. 133), $\bar{β}$ (f. 142ᵛ). Ff. 79ᵛ. 80—82. 132ᵛ. 157ᵛ—162 vacc. Codicem hunc, Laurentianum et Parisinum descripsit Ricardus Foerster.[2])

Laurentianus gr. XXX pl. 71 (cf. Bandini III 14 sq.), L membr., ff. 174, in ff. 1ʳ et 152 adnotatiunculas quae, Bandinio teste, Angeli Politiani sunt, exhibens, aetatis paullo recentioris quam Marcianus at eiusdem plane formae ac scripturae, eadem eodem ordine quae Marcianus ipse continet: πορφυρίου κτλ. (f. 2), τὰ θεολογούμενα τῆς ἀριθμητικῆς (f. 92), ἀδαμαντίου κτλ. (f. 145). Ff. 1ᵛ. 90—91. 174 vacc.

Praeter haec indicia consanguinitatis inter L et M, ambo in omnibus fere lectionibus ita congruunt, ut dubitari non possit quin alter ab altero pendeat.[3]) Interdum tamen librarius codicis L vitiose verba transscripsit vel quod litterae in M nimis artae et obscurae sunt vel sua ipsius neglegentia: cf. e. gr. p. 9, 9 διπλάσιος M (litterae ιος tam stipatae ut

---

1) *Studi italiani di filologia classica* V (1897) pp. 427 sq.
2) *De Adamantii physiognomonicis recensendis* in 'Philol.' t. XLVI (1888) pp. 250 sqq. *Scriptores Physiognomonici graeci et lat.* rec. R. Foerster vol. I (Lipsiae 1893) pp. CIX sqq.
3) cf. Pistelli: «il Parigino e il Laurenziano sono senza dubbio apografi del Marciano».

facile ιαι lectori parum attento videantur) διπλάσιαι L itemque 25, 9 ψυχήν M ψυχῆς L, 25, 11 ἰσχύς M ἰσχύν L, 27, 20 ἑδραιότητα M (ε ita inclinatum ut ἡ videatur) ἡδραιότητα L, 63, 24 εἰ M εἰς L, 64, 8 ἐδείχϑη M ἐδείχϑαι L, 73, 19 ἡ M τι L etc.

P   Parisinus gr. 1943 olim CCCCLII 484, 21127, chart., saec. XVI, ff. 256, continet: σχόλια εἰς τὰ δεύτερα τῶν προτέρων ἀναλυτικῶν (f. 1), παρεκβολαὶ ἀπὸ τοῦ δαμασκίου εἰς τὸ πρῶτον περὶ οὐρανοῦ (f. 27ᵛ), ἰατρικαὶ ἀπορίαι περὶ ζώων καὶ τετραπόδων κασίου ἰατροσοφιστοῦ προβλήματα (f. 43ᵛ), πορφυρίου εἰς τὰς ἀριστοτέλους κατηγορίας κατὰ πεῦσιν καὶ ἀπόκρισιν (f. 54ᵛ), τὰ θεολογούμενα τῆς ἀριθμητικῆς (f. 95), ἀδαμαντίου σοφιστοῦ φυσιογνωμονικῶν $\bar{α}$ (f. 119), δεύτερον (f 124), ἑρμείου φιλοσόφου τῶν εἰς τὸν πλάτωνος φαῖδρον σχολίων τῶν εἰς τρία τὸ πρῶτον (f. 135), τὸ $\bar{β}$ (f. 168ᵛ), τὸ τρίτον (f. 207). Codicem hunc Venetiis exaratum esse demonstravit R. Foerster.[1]) Plurimis locis Parisinus a Marciano dissentit, sed semper, ut primo obtutu patet, mera neglegentia atque scribae ignorantia.

Alteram manum correctricem passus est hic codex, quem inspicere non potui, quod qui Bibliothecae Parisinae praesunt eum exportari vetuerunt: in usum meum contulit Henricus Lebègue, cui maximas gratias ago.

B   Neapolitanus gr. III C 8 (cf. Cyrill. II 352), chart., saec. XV ex. vel XVI in., cm. 16, 4 × 11, 2, ff. 173 immo 174 nam fol. 40 bis num., in quaterniones divisus, continet: τὰ θεολογούμενα τῆς ἀριθμητικῆς (f. 1), ἀριστοτέλους μηχανικά (f. 88), αἱ τοῦ πρώτου βιβλίου ὑποθέσεις (f. 129), αἱ τοῦ δευτέρου βιβλίου ὑποθέσεις (f. 130), αἱ τοῦ τρίτου βιβλίου ὑποθέσεις (f. 131), πλήθωνος νόμων συγγραφῆς (sic) βιβλίον πρῶτον: περὶ διαφορᾶς τῶν περὶ τῶν μεγίστων ἀνθρώποις δοξῶν (f. 133ᵛ), περὶ ἡγεμόνων τῶν βελτίστων λόγων (f. 140), περὶ τοῖν δυοῖν ἐναντίοιν λόγοιν, τοῦ τε πρωταγορίου καὶ τοῦ πειρωνείου (f. 146), εἰς θεοὺς τοὺς λογίους

---

1) cf. etiam H. Omont. *Catalogue des mnss. grecs de Fontainebleau sous François I et Henry II* p. 66 n. 188, p. 378 n. 65. *Inventaire somm.* etc. II 168.

εὐχή (f. 159ᵛ), κοινὰ περὶ θεῶν δόγματα (f. 160), περὶ μέτρου τε καὶ συμμετρίας (f. 168ᵛ), περὶ τῶν τῶν θηρίων ἐνίοις κατὰ λόγον δρωμένων (f. 169ᵛ). Ff. 86ᵛ—87 vacc.; f. 173 foede corruptum. Omittuntur tituli capitum horum: περὶ δυάδος, περὶ τριάδος, ἀνατολίου (p. 17, 3), νικομάχου θεολογούμενα (p. 17, 14), περὶ τετράδος[1]); sed ex spatio vacuo relicto facile conicimus scribam eos exarare in animo habuisse et atramento rubro distinctos voluisse.

Codex hic omnibus fere locis cum exemplaribus a Marciano depromptis concinit et praesertim singulari affinitate cum L est coniunctus. Confer enim p. 2, 3 sq. ἀνθυπακούειν LB (ἀνθυπακούει M), 8, 5 σχέσεις LB (σχέσις M), 9, 9 διπλάσιαι LB (διπλάσιος M), 10, 12 ἰδιώματα LB (ἰδίωμα M), 12, 1 τῆς LB (τῶν M), 13, 20 διδάσκοντες LB (διδάσκονται M), 16, 19 οἷον LB (οἷα M), 27, 9 ἑαυτῆς ex ἑαυτοῖς ead. m. corr. LB (ἑαυτῆς M), 27, 20 ἡδραιότητα LB (ἑδραιότητα cett.), 29, 1 τ' LB (κατ' M), 34, 11 προσαγόρευον LB (προσηγόρευον ex προσαγ. ead. m. corr. M), 48, 7 κατ' ἀκολουθοῦντες LB (κατακολ. cett.), 61, 9 ἐμβρίου LB (ἐμβρύου M), 62, 1 ἅπασαν M om. LB, 64, 8 ἐδείχθαι LB (ἐδείχθη M) etc. Nonnunquam lectio discrepat neglegentia tantum, ut facile videri potest, codicis B librarii: cf. e. gr. p. 16, 12 τριμύριοι pro τρισμύριοι, 17, 1 ὀνομάσθη pro ὠνομάσθη, 17, 6 σεμνήνοντες pro σεμνύνοντες, 23, 8 κατ' ἐνεργείᾳ pro κατ' ἐνέργειαν, τετρὰς δὲ τοῦ ἐνεργείᾳ, 48, 14 sq. κατωνομάζουσιν pro κατονομάζουσιν etc. Interdum contra verbum idem quod L vitiose praebet, B corrigit: cf. p. 2, 4 μέρει perperam L μέρη recte B itemque p. 17, 17 διάδος L δυάδος B etc.

Codicem Escurialensem Σ III 1 (cf. I. Miller p. 92 *Σ* n. 96), qui ff. 1—31 Theologoumena continet, conferre non potui: nullius tamen momenti esse puto, quippe qui anno 1569 (cf. subscriptionem in f. 30ᵛ ἐγράφη ἐκ τύπου διὰ χειρὸς Σοφιανοῦ Μελισσηνοῦ Κρητός· ‚αφξθ' μαίω ιϛ' ἐν Παταβίῳ) exaratus fuerit. Immo ex editione principe a. 1543 transscriptum conicio, vel potius, cum codex P e Marciano

---

1) In omnibus codicibus omittitur titulus περὶ μονάδος.

pendens Venetiis exscriptus sit, verisimile est Escurialensem, Patavii exaratum, aeque atque Parisino a Marciano defluere.

Archetypus prioris familiae, quae e codicibus **MLPB Σ** constat, est igitur codex **M**, qui, quamquam ceteris multo praestat, haud pauca tamen habet falso et prave scripta; itaque cum Pistellio non consentio adfirmante Marcianum unum satis esse ad Iamblicheum textum recte emendandum.

Ad alteram transeo codicum familiam, quae haud dubio e stipite eodem unde codices nunc recensiti, quamquam oblique manat.

N Neapolitanus gr. III C 7 (cf. Cyrill. II 351), chart., saeculi, ut opinor, XV ex., cm. 20,5 ✕ 13,6, ff. 169, nitidissimus, continet: ⟨Asclepii Tralliani⟩ ἐξήγησις τῆς νικομάχου ἀριθμητικῆς εἰσαγωγῆς τῶν εἰς δύο τὸ πρῶτον (f. 1) τὸ δεύτερον (f. 84ᵛ) et τὰ θεολογούμενα τῆς ἀριθμητικῆς (f. 121). Ff. 115ᵛ—120 vacc.

Capitum horum tituli: ἀνατολίου ter (p. 17, 3. 54, 10. 86, 1) et περὶ δεκάδος, primum omissi, ab eodem scriba in margine atramento nigro sunt additi.

F Magliabechianus gr. 14 [XI 38] (cf. H. Vitelli *Studi italiani di filol. class.* II [1894] 552), chart., saec. XVI, cm. 27,5 ✕ 21, ff. 294, continet: Vettii valentis Antiocheni Florilegiorum liber primus (f. 3; desinit autem f. 118ʳ verbis: *absoluta est haec conversio et translatio sive potius interpretatio — 5 septembris 1552 hora pᵃ cum dimidio noctis sequentis*), Leonardi Pisani opus (f. 120), τὰ θεολογούμενα τῆς ἀριθμητικῆς (f. 232), ⟨Pselli epistula περὶ χρυσοποιίας⟩ (f. 266ᵛ), Ἥρωνος Ἀλεξανδρέως πνευματικῶν πρῶτον (f. 272), δεύτερον (f. 278). Ff. 1. 2. 118ᵛ. 119. 270. 271. 290—94 vacc.

Codex hic, aeque fere atque P, mendis ineptissimis insulsi librarii culpa scatet. Sed tamen eaedem omissiones et lectiones ita arte cum **N** coniunctum esse demonstrant, ut ex illo plane defluxisse adfirmandum sit. Confer: p. 1, 14 ἀπειρογόνου, 1, 19 σὺν] καὶ, 2, 19 μόνη bis, 2, 23 καὶ νόησις νοητικῷ om., 3, 20 διασωστήκός ead. m. corr., 5, 9 μετιὼν ead. m. corr., 8, 17 στοιχείων, 9, 14 ἐπὶ, 10, 16 γένεσις, 16, 22 sq. ὅτι τὴν τριάδα om., 18, 6 αὐτῶν, 18, 15 τὸ δὲ δεύτερον καὶ σύνθετον om., 19, 14 συνάγει δὲ, 20, 7 συνεχήν etc. Multa alia adferre possum, sed quid plura? Quod, si apparatum meum criticum inspexeris, haud pauca id genus exempla in quavis fere pagina poteris deprehendere.

Nonnunquam autem huius familiae lectiones cum priore consentiunt, praesertim cum L, ut vix adfirmare dubitem N a L quamquam oblique derivare. Confer enim: p. 4, 3 τῆς, 5, 4 διαφορηθεῖσα, 6, 10 φῖλον, 7, 2 κατειδόντος, 9, 9 διπλάσιαι, 10, 12 ἰδιώματα, 11, 16 μυθεκτοῦ, 12, 1 τῆς, 13, 20 διδάσκοντες, 16, 19 οἷον, 22, 13 τῷ om., 25, 11 sq. δικαιωσύνη, 29, 1 τ', 34, 13 κατ' αὐτά, 53, 17 ἓξ, 56, 12 ἀγηογέναι, 57, 9 ἐτυμώτατα etc.

Seriem denique claudant duo codices mutili, quorum imagines tantum phototypice expressas inspicere potui.

Mutinensis 90 [III C 11] (cf. V. Puntoni *Studi italiani* E *di filol. class.* IV [1896] 445), ff. 114 quorum 1—96 membr. saec. XI, 97—109 chart. saec. XIV in., 110—114 chart. saec. XV, cm. 23,5 ⨯ 16, continet, Puntonio teste: συνοπτικὸν σύνταγμα φιλοσοφίας (f. 1), Michaelis Pselli liber de quatuor mathematicis scientiis (f. 44ᵛ), τὰ θεολογούμενα τῆς ἀριθμητικῆς (f. 97), et anonimi disceptatio christiani cum iudaeo (f. 110). Sed ff. 97—109 Theologoumena tantum non exhibent, quod f. 104ᵛ libello Iamblicheo finem imponit et ff. 105—109 scholia continent Michaelis Pselli de psychogonia Platonis, falso Soterichi nomini addicta, quae primum edidit A. J. H. Vincent[1]) et denuo R. Hoche[2]) (f. 105ʳ = p. 2, 37—3, 18 Hoche; f. 105ᵛ = p. 3, 19—4, 1; f. 106ʳ = p. 4, 1—30; f. 106ᵛ = p. 4, 30—5, 13; f. 107ʳ = p. 5, 13—6, 15; f. 107ᵛ = 6, 15—20. Ff. 108—109 in editione Hocheiana desunt).

---

1) *Notices et Extraits des Mnss.* tom. XVI 2 pp. 316 sqq. (1847).
2) *Soterichi ad Nicomachi Geraseni Introductionem Arithmeticam de Platonis psychogonia scholia* ed. R. Hoche (Progr. Elberfeld 1871).

Folia 97—104 non integra Theologoumena, sed usque ad p. 46, 19 (ἐνομίσθη, ἅτε) editionis meae exhibent.

Altera manus, quae nonnunquam ad arbitrium rectas lectiones corrigit, scholia nonnulla in marginibus addidit, quae hodie legi nullo modo possunt vel quia margo nova charta refectus est vel quia a tineis pessumdatus. Idem vero accidit in primo versu nonnullorum foliorum.

Tituli capitum horum: περὶ δυάδος, περὶ τετράδος, περὶ πεντάδος, περὶ ἑξάδος omittuntur; contra p. 20, 1 νικομάχου θεολογούμενα et p. 30, 16 ἀνατολίου exhibentur, quos in ceteris codicibus frustra requiras.

Iam Pistelli codicem hunc, quem non contulit, cum eadem familia, quam primam recensui, coniunctum esse ratus est, immo e Marciano pendere: sed haud dubio E saeculo XIV, M XV sunt adscribendi. Quin etiam, si diligentius inquisiveris, videbis eum neque cum priore neque cum altera classe ulla cognatione devinctum, sed potius singularem et eminentem locum obtinere in omnibus Theologoumenorum libris manu scriptis. Cuius rei illud est indicium gravissimum, quod complura verba exhibet quae in codicibus prioris alteriusve classis desiderantur. Confer: p. 1, 4, 8. 4, 6. 10, 11. 13, 3 (bis). 5 sq. 18. 15, 1. 16, 1 sq. 10 sq. 18. 18, 17 sq. 19. 20, 1. 21, 8. 26, 2. 29, 16. 30, 16. 31, 5 sq. 12. 15. 32, 1. 33, 7 sq. 37, 11. 13 sq. 38, 4 (bis). 39, 11. 15 sq. 21. 41, 15. 43, 5—7. 16. 45, 14. Contra, p. 15, 11 sqq. recte verba omittit, quae leguntur in ceteris codicibus, at scholia sunt in textum falso recepta. Nonnullas tantum ex lectionibus discrepantibus hic adfero gravissimas: p. 1, 19 τῆς γωνίας, 5, 1 εὔλυτον, 6, 13 θέσεως, 9, 13 ἁρμονίᾳ, 10, 5 ἡ μονὰς παρέχειν, 11, 2 αὐτῇ, 11, 6 οὔσῃ ἀλλήλαις ἴσας, 11, 13 ἴσας, 11, 19 αὐτῇ, 13, 1 γάρ, 13, 16 σπερματικοῦ, 14, 10 sq. ἐπιδέχεται etc.

A   Ambrosianus gr. 780 [Et 157 sup.] (cf. P. Tannery. *Archives des Missions scientifiques et littéraires* III Série. XIV Tome. Paris 1888. pp. 421 sq. Ae. Martini et D. Bassi. *Catalog. cod. gr. Bibl. Ambr.* II 875 sq.), chart., saec. XIV ex., cm. 35 × 24, 1, ff. 1 + 21 immo 23 nam invenies 11bis

PRAEFATIO XI

et 12bis, poene totus deformatus, non codex sed codicis fragmentum, continet: τὰ θεολογούμενα τῆς ἀριθμητικῆς (ff. 1—3. 5. 7. 21^r), ⟨Maximi Planudis⟩ ψηφηφορία κατ' ἰνδοὺς ἡ λεγομένη μεγάλη (ff. 4. 6^v. 10—12. 11bis. 12bis), διοφάντου ἀλεξανδρέως τῶν εἰς ιγ´ τὸ πρῶτον cum Maximi Planudis scholiis margin. (ff. 8. 9. 13—20). Ff. 21^v et partim 6^v vacc. Manum alteram correctricem expertus est.

Ordo turbatus sic restituendus:

f. 1^r = p. 1—4, 13 (usque ad vv. αὐτήν, δημι-) editionis meae
f. 1^v = p. 4, 13—8, 12 (usque ad vv. τὸν δὲ)
f. 2^r = p. 8, 13—12, 2 (usque ad vv. τρόπῳ ὁ τῆς)
f. 2^v = p. 12, 2—15, 17 (usque ad vv. εἰδοποιὸς ἄρα)
f. 3^r = p. 15, 17—19, 16 (usque ad vv. κατὰ δὲ)
f. 3^v = p. 19, 16—23, 10 (usque ad vv. ἰδιωμάτων ἐπιδεκτική)
desunt tria folia
f. 7^r = p. 46, 17—49, 22 (a vv. -τέρου γένους usque ad vv. δύο παρέ-)
f. 7^v = p. 49, 22—53, 5 (usque ad vv. πυθαγόρας . δὶς)
f. 5^r = p. 53, 5—57, 17 (usque ad vv. καὶ σίγμα)
f. 5^v = p. 57, 18—61, 13 (usque ad vv. δὲ ἑπτά)
desunt tria folia
f. 21^r = p. 84, 6—fin. (a vv. καὶ τὰ τέσσαρα).

Scholium unum margin. legitur p. 54 editionis meae. Fol. 6^r fragmentum exhibet quod incipit: οὔτε πρὸς τὴν δευτέραν τὸν διπλασίονα τηρεῖ et desinit: τὰς περατώσεις τῆς ψυχῆς ἐπὶ τὴν ἀκρότητα. Finis igitur est libelli Michaelis Pselli εἰς τὴν τοῦ Πλάτωνος ψυχογονίαν: mirum autem quod idem fragmentum iisdem verbis praebet fol. 109^v codicis E.

Ambrosianus omnibus fere locis cum E consentit; sed cum ad nonnullas discrepantias animum advertam, ex illo plane manasse haud adfirmaverim. Confer enim: p. 1, 4 δὲ E om. A, 1, 16 καὶ tert. A om. E, 2, 14 καὶ tert. A om. E, 2, 21 ὅσῳ A οὖσα E, 2, 23 νόησις A νόημα E, 3, 15 φιλιωτική A φιλωτική͂ E, 4, 3 τοῖς A τῇ E, 4, 3 ὅλη A ὕλη E, 4, 6 τὴν E om. A, 4, 7 μεθισταμένη A μεθιστάμενος E, 6, 19 ὅς A ὡς E, 13, 1 δὲ A γὰρ E, 13, 20 μονάδα A δυάδα E, 14, 19 ἐξαιρέτως δὲ τῷ A ἐξαίρετον δὲ τὸ E, 15, 1 ἑξάδος E om. A, 15, 10 συμμέτρου A σύμμετρον E, 15, 11 sqq. scholia exhibet A om. E, 15, 17 μεσότης A μεσότητος E etc.

His locis **A** plerumque cum Marciano concinit; sed in lectionibus gravioribus rursus cum **E** non cum **M** congruit, ita ut ex eodem exemplari unde **E** fluxit, manasse statuendum sit. Ad quod demonstrandum optime valent loci, in quibus, codice **E** deficiente, Ambrosianus a ceteris libris discrepat: confer e. gr. p. 47, 10 διεχεῖς **A** διαχεῖς cett., 48, 3 sq. διὰ τοῦτο **A** om. cett., 50, 22 πρόοδον **A** πρόσοδον cett., 51, 10 δι' **A** δ' cett, 51, 13 sq. τὴν δὲ ἴσῳ μὲν κατ' ἀριθμὸν ὑπερέχουσαν, ἴσῳ δὲ ὑπερεχομένην **A** om. cett., 52, 11 τὰ **A** om. cett., 58, 10 συννεύουσιν **A** συνεύουσιν cett., 58, 14 ὁ cett. om. **A**, 59, 5 καιριωτάτης **A** κυριωτάτης cett., et praesertim p. 56, 5 sq. ἀνὴρ δὲ ἄχρις ἑνὸς δέοντος ἐς τὰ ἑπτάκις ζ' **A** om. cett., 85, 11 sq. ἐπὶ τοῦ ἰσοπλεύρου ἱσταμένη· ἡ δὲ δευτέρα δύο, ἐπὶ τετραγώνου ἐγηγερμένη, μίαν παραλλαγὴν ἔχουσα **A** om. cett.

Raro codicum **A** atque **E** aut fracturis aut tineis aut demum atramentorum tenuitate lectiones evanuerunt; hunc defectum codicum in apparatu critico ita indicavi: [**A**], [**E**].

Dilucidissime autem via qua liber ad nostram aetatem pervenit hoc stemmate patefit:

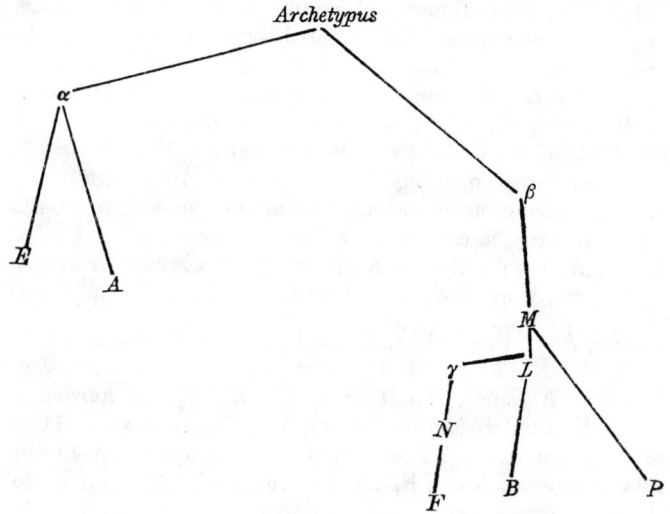

PRAEFATIO

Sed non omnes codices prosunt textui restituendo. Nonnulli enim ex aliis adhuc servatis transscripti sunt et tam inter se congruunt, ut facile sit singulos codices seligere. E libris ab α deductis, qui ceteris sine dubitatione praestant, E melior quam ·A; e libris, qui a β manant, M multo melior est quam LBNFP. Si, denique, tres codices EAM cum ceteris contuleris, statim in his plane quiescendum diiudicabis.

de recensionis ratione

Postremo silentio praetermittere non licet codicem parisinum gr. 1940 (cf. H. Omont. *Invent. somm.* etc. II 168). Hic liber, quem Neapolim missum inspicere potui, chart., ff. 70 (+ 10 sine num. et vacua, quarto excepto indicem exhibente), anno 1550 Parisiis exaratus, continet: ἰωάννου τοῦ βαπτιστοῦ τοῦ καμωτίου σχόλια εἰς ἀριστοτέλους τῶν μετὰ τὰ φυσ⟨ι⟩κὰ τὸ μ̄ (f. 1), *In libellum τῶν θεολογουμένων τῆς ἀριθμητικῆς* (f. 62), *De iis quae veteres de numeris theologice philosophati sunt* (f. 64). Ff. 55ᵛ—61·vacc.

de cod. par. 1940

Parvi pretii existimandae observatiunculae ff. 62—63 ad duos et viginti locos editionis principis: eas edidit A. Delatte in libro qui inscribitur *Etudes sur la littérature pythagoricienne* (Paris 1915) pp. 175 sqq.[1]) Nondum in lucem prodierunt ff. 64—70, quae latinam nostri libelli interpretationem mutilam exhibent. Specimina tantum adfero: ita incipit: «unitas est numeri principium, situm non habens: diciturque graece μονάς (μόνας cod.), quae latine est unitas, a verbo μένειν, quod est manere. Unitas enim in quem ducitur numerum, eius eandem conservat speciem, ut semel tria, tria, semel quatuor, quatuor»; desinit autem p. 13, 12 (editionis meae) his: «Binarius etiam Erato, sicut aiunt, appellatur. Unitatis enim tanquam speciei progressum per amorem ad se pertrahens reliquos effectus generat, incipiens a ternario et quaternario. [Interpretatio trium versuum desideratur.] Isim quoque nominatum fuisse aiunt.»

---

1) Delatte scholii ad loc. πλείονας ἔχουσι τὰς περιμέτρους τῶν ἐμβαδῶν (p. 11, 11 sq. huius editionis) initium omittit, quod est: «πλείονας intelligit auctor ampliores, quamquam alias in singulari tantum numero haec significatio locum habere videatur. Hoc autem verum est. Exemplum sume etc.»

XIV   PRAEFATIO

de editionibus   Venio ad editiones, de quibus pauca dicenda. Editio
p   princeps, Parisiis typis Christiani Wecheli anno MDXLIII
exscripta, e libro tantum parisino, qui mendis turpissimis
scatet, tam vitiose pendet, ut nullius pretii videatur.

Ast   Fridericus Ast Lipsiae apud Weidmannium anno
MDCCCXVII alteram editionem curavit, quae tamen e nullo
codice, verum ex deterrima tantum editione parisina defluit.
Exempli gratia vide, sis, haec editorum non codicis menda:
p. 2, 17 αὐτῆς pAst ἑαυτῆς P, 3, 4 τε P om. pAst, 4, 14 τὰ
P om. pAst, 4, 18 θηλείαν pAst θήλειαν P, 6, 20 γε pAst
σε P, 8, 14 ἐν κόσμῳ pAst καὶ ὁ κόσμος P, 8, 16 ἀναγκαίου
pAst ἀναγκαίως P, 8, 20 ἐργαστικόν pAst ἐργατικόν P, 9, 10
δὲ οὗτος pAst δ' οὗτοι P, 10, 6 τε pAst om. P, 11, 5 τε
P om. pAst, 11, 9 ὑπάρχοντι pAst ὑπάρχοντος P, 11, 13
οὕτως pAst οὗτος P, 12, 16 οὐδέ pAst οὔτε P, 14, 16
πλειότητα pAst τελειότητα P, 14, 22 δυάδος pAst om. P,
15, 9 αὕτη pAst αὐτή P, 15, 16 τῆς pAst τοῖς P, 18, 8
τέλειον pAst τελείως P, 18, 16 πρὸς δὲ ἄλλο pAst πρὸς
ἄλλο δέ P, 20, 16 ὑπαγογομένων pAst ὑπαγομένων P, 20, 21
ἡ pAst om. P, 23, 18 καὶ (ante δι' ὅ) p (ante πρὸς ὅ) Ast
om. P, 26, 13 μὲν P om. pAst, 26, 21 πᾶν τ' pAst πάντ' P
27, 8 καὶ P om. pAst, 29, 14 ἐμβαδῶν pAst ἐμβαδόν P,
31, 2 αὐτή pAst αὕτη P, 45, 14 ἁρμοστική pAst ἁρμονική
P, 47, 7 ἤγουν P ἢ pAst, 52, 14 ἀνακύκλωσιν pAst ἀνακύ
κλησιν P, 55, 1 ψκδ' pAst ψκθ' P, 57, 14 ὁμοίως pAst
ὁμοίαν P, 58, 20 ῥεῦμα pAst ἔρυμα P, 59, 15 ἐγκεραθέν
των pAst ἐγκραθέντων P, 60, 19 μινώθησιν p μανώθησιν
Ast μινύθησιν P, 63, 18 τοῦ P om. pAst, 63, 20 τῶν P
om. pAst, 64, 19 δὲ pAst τε P, 85, 9 τριάς pAst γίνεται
P (sic: γ^ται) et id genus alia complura. Sed editio Astiana,
quae, ut iam diximus, nullo codicum subsidio nititur, libro
tamen parisino praestat, quod editor pro suo ingenio nonnulla eius vitia sanavit, quamquam multa intacta reliquit
vel contra multa sana falso correxit.

Constat igitur ex omnibus codicibus parisinum tantum
conlatum esse ab uno editore principe; et quod Pistelli, qui
quatuor MLFP contulit, publici juris conlationes nunquam

fecit, omnes codicum quos inspexi lectiones quam accuratissime referendas censui. Inquirenti enim atque consideranti et Astianum librum et codices antea descriptos fieri non potest quin nova editio pernecessaria esse videatur.[1])

Locos perpaucos emendare conati sunt Bullialdus *ad Theonem Smyrnaeum*, Fabricius *ad Sextum Empiricum*, Meursius *Denar. Pythag.* ap. Gronov. *Thesaur. Graec. Antiquit.* vol. IX pp. 1333 sqq., Augustus Boeckh (*Philolaos des Pythagoreers Lehren.* Berlin 1819. pp. 137 sq. 140. 157. 159), Paulus Tannery (*Pour l'histoire de la science hellène.* Paris 1887. pp. 374 sq. 386 sq.) qui interpretationem gallicam pp. 82, 10—85, 23 adiecit, Hermannus Diels (*Fr. d. Vors.* I^3 pp. 30. 303 sqq. 305. 314 sq. 381), Guilelmus Roscher (*Die Hebdomadenlehren der griech. Philosophen und Ärzte.* 'Abhandl. d. philol.-hist. Klasse d. Kön. Sächs. Gesellschaft der Wissenschaften' XXIV 6. Leipzig 1906), Gustavus Altmann (*De Posidonio Timaei Platonis commentatore.* Diss. Berolini 1906. pp. 53 sqq.), Paulus Lang (*De Speusippi Academici scriptis.* Diss. Bonnae 1911. pp. 53 sqq. cf. p. 27) qui pp. 82, 10—85, 23 edidit, Pistellii conlatione codicum **MLP** adhibita, et A. Delatte (l. l. pp. 177 sq.). H. Pistelli l. l. p. 428 unam et viginti tantum Marciani lectiones protulit.

Ad Anatolii locos recensendos magno opere me adiuvit Anatolii ipsius libellus qui inscribitur περὶ δεκάδος καὶ τῶν ἐντὸς αὐτῆς ἀριθμῶν.[2]) Minimum contra auxilium ad Nicomachi locos emendandos adfert codex 187 Bibliothecae Photii, quod epitome illius patriarchae perbrevis est.

---

1) cf. Pistelli l. l.: «ma neppure del testo dell'Ast possiamo in nessun modo contentarci, perchè è anch' esso così pieno di luoghi corrotti o lacunosi, che basta leggerne qualche pagina per accorgersi che l' edizione è ancora da fare.» Fabricius (*Bibl. gr.* IV 10; *ad Sext. Emp. pyrrh. hyp.* III 189 p. 174) autem et Pistelli novam editionem daturos polliciti sunt, sed numquam pervulgarunt.

2) Anatolius. *Sur lex dix premiers nombres.* ed. Heiberg. Annales internationales d'histoire. Congrès de Paris 1900. 5e Section. Histoire des Sciences (Librairie Colin. Paris 1901). Cf. De Falco. *Sui 'Theologoumena Arithmeticae'* in Riv. Indo-Greco-Italica VI (1922) fasc. I—II pp. 49 sqq.

PRAEFATIO

de locis similibus Locos similes, quippe qui innumerabiles sint, non omnes adtuli: eos tantum recensui qui παράλληλοι vel fere exhibentur. Ceterorum quos omisi indicem hic praebere peropportunum mihi visum est, quod nemo vir doctus eos hucusque collegit.

Iambl. Iamblichi. In Nicomachi Arithmeticam Introductionem liber ed. Pistelli p. 11, 1 sq. 16. 20. 24. 15, 10. 29, 15. 43, 22 sq. 46, 14. 47, 25. 49, 14. 72, 23. 73, 9. 74, 11 sq. 75, 21 sq., 77, 23. 78, 5. 81, 23. 109, 18. 21 sq. 124, 1 sq. etc. vita Pyth. § 152.

Nicom. Nicomachi Geraseni Introductionis Arithmeticae libri II ed. Hoche p. 14, 19. 23, 12. 27, 10. 30, 2 sq. 49, 4 sqq. 86, 16.

Lyd. Ioannis Laurentii Lydi liber de mensibus ed. Wuensch I 11. 15 II 4. 6. 7. 9. 10. III 5, 9. 10. IV 26. 64. 76. 122. 162.

Theo Theonis Smyrnaei Expositio rerum mathematicarum ad legendum Platonem utilium rec. Hiller p. 18, 6. 19, 21. 20, 3. 22, 9. 24, 23 sq. 27, 1. 33, 7. 43, 6. 10 sq. 58, 13. 62, 11. 21 sq. 67, 18 sq. 85, 19 sq. 86, 13 sq. 87, 5 sq. 90, 17 sq. 91, 5. 93, 19 sq. 95, 9. 96, 4 sq. 97, 5. 18. 99, 2. 101, 12 sq. 111, 16.

Mart. Cap. Martianus Capella ed. Eyssenhardt II 106. VI 707. VII 731 sqq. 763. 772. 779. IX 933 sq.

Philo Philonis Alexandrini edd. Cohn et Wendland de op. m. 3. 15. 16. 30. 33. 42. leg. all. I 4 de plant. Noe 18. 28. 32. 140. quis rerum divin. heres 38. 39. de vita Mos. III 11. quaest. et sol. in Gen. III 49. IV 8. 110. 151 (ed. Aucher).

Macr. Macrobii Comm. in Somnium Scipionis ed. Eyssenhardt ² I 6, 7. 36. 43. 70.

Favon. Favonii Eulogii disputatio de Somnio Scipionis ed. Holder p. 3. 5. 6.

Chalc. Platonis Timaeus interprete Chalcidio cum eiusdem commentario ed. Wrobel p. 99, 3. 104 sq.

Del. codices athenienses et parisini ab A. Delatte editi, l. l. pp. 167 sqq.

Alexandri Aphrodisiensis in Aristotelis Metaphysica Commentaria ed. Hayduck p. 38—40. 49. 53. 54 sqq. 58. 60. 70. 74 sq. 85 sqq. 113. 224. 227 sq. 592. 610. 717. 720 sq. 740 sq. 744 sq. 748 sqq. 758. 771 sqq. 777 sq. 780. 790. 796. 801. 808 sq. 816. 819. 832 etc.

Asclepii in Metaphysica Commentaria ed. Hayduck p. 19. 34—39. 47 sq. 50 sqq. 63. 65. 68. 79. 82. 95. 97 sq. 101. 105. 109. 202. 204. 207 sqq. 212 sq. 418 sqq. etc.

Syriani in Metaphysica Commentaria ed. Kroll p. 5. 9 sq. 43. 48 sq. 58. 62. 104. 130 sqq. 134. 140. 144 sq. 146 sq. 149 sqq. 156 sq. 170. 174 sq. 191 sq. etc.

Procli in Platonis Timaeum commentaria ed. Diehl 8 BC. 45 BC. 46 DE. 54 DE. 56 CD. 96 DE. 131 DE. 140 E. 168 C. 202 B.

PRAEFATIO XVII

203 E F. 206 B. 208 C. 211 D E. 212 A F. 223 E. 268 sq. 295 B C. 319 C D. 331 D F. 340 A etc.

Plut. de εἰ ap. Delph. 391 A. de Is. et Os. 381 F. de an. procr. 1012. de vita Hom. 145 etc.

Stob. ecl. I 1, 8. 19. 20. 35, 7.

Hierocles Fragm. Phil. Gr. ed. Mullach I 465.

Porphyr. de abst. II 36.

Anon. in Nicom. Intr. Arith. ap. Diophant. ed. Tannery II 74 sqq.

[Iustin.] cohort. 19.

Sext. Emp. pyrrh. hyp. III 153. adv. math. IV 3 sqq. X 276 sqq. 281.

Theophr. de prim. phil. VI a 23 Us.

Ambrosius Migne PL XIV 397 D. 511 B—D. XVII 11 D. 12 A.

Isidorus Migne PL LXXXIII 180. 183 sq. 189.

Censorinus nat. inst. 1, 4 (p. 55 Hultsch).

Ioannes Philoponus in Nicomachi Introductionem Arithmeticam ed. Hoche (Progr. Wesel 1864. 1865. Berolini 1867) I 1, p. 2. 32. I 2, p. 42. II p. 2. 8 sq. 13. 15 sq. 18. 31.

[Soterichi] ad Nicomachi Geraseni Introductionem Arithmeticam de Platonis psychogonia scholia ed. Hoche (Progr. Elberfeld 1871) p. 1, 15 sqq. 3, 20 sqq. 30. 4, 31 sqq. 41 sqq.

Plotin. Enn. VI 6

David. proleg. phil. p. 53 Busse.

Ex animo gratias ago atque habeo quam maximas Alexandro Olivieri, qui, laboris mei auctor ac socius diligentissimus, semper qua est erga me benevolentia mihi praesto fuit meque diu haesitantem sua ope ac doctrina sustinuit. Multam autem debeo gratiam cum viris doctis qui Bibliothecis Marcianae, Laurentianae, Magliabechianae, Mutinensi, Ambrosianae et Neapolitanae praesunt, in primis Dominico Bassi, tum I. L. Heibergio, qui summa humanitate Anatolii editionem quam curavit mihi dono dedit et plagulas perattente pertractavit atque correxit, itemque Marco Galdi, qui latinam scribendi rationem nonnullis locis perpolivit.

Dabam Neapoli exeunte mense Ianuario
a. MDCCCCXXII.

Victorius De Falco.

ADDENDA[1])

De censuris editionis anni MCMXXII factis

(1) Aegyptus 3, 1922, 361 A. C(alderini).
(2) Riv. ind.-gr.-ital. 6, 1922, 317–319 A. Maggi.
(3) Bollett. di filol. class. 29, 1923, 150 C. O. Zuretti.
(4) *The class. rev. 37, 1923, 138 E. R. Dodds.
(5) Μουσεῖον 1, 1923, 76 s. N. T(erzaghi).
(6) Riv. di filol. e d'istr. class. 51 (N. S. 1), 1923, 253–255 D. Bassi.
(7) Philol. Wochenschr. 44, 1924, 1209 s. W. Nestle.
(8) Rev. ét. gr. 37, 1924, 242 L. Robin.
(9) Bullet. bibliogr. et pédagog. du mus. Belge 29, 1925, 183s. A. Delatte.
(10) *Gnom. 5, 1929, 545–558 H. Oppermann (cf. etiam de Falco [15]). cf. etiam:
(11) C. Thaer, in: Jahresber. über die Fortschr. der klass. Altertumswissensch. 283, 1943, 104.

De libris commentationibusque qui ad rem criticam pertinent

(12) E. Pistelli, Per i 'Theologumena Arithmetica', in: Stud.ital. di filol. class. 11, 1903, 432. – Affert lectiones cod. Marc. 234 (cf. de Falco [14], 301 adn. 4).
(13) A. Delatte, Études sur la littérature pythagoricienne, Paris 1915. (Bibl. de l'École des hautes étud. 217). – Cf. 175–179; v. etiam supra p. XIII et infra (19).
(14) V. de Falco, Un altro codice dei 'Theologumena Arithmeticae', in: Riv. ind.-gr.-ital. 7, 1923, 301–303. – Pertinet ad cod. Escurialensem (cf. supra p. VIIs.).
(15) *V. de Falco, Sul testo dei 'Theologumena Arithmeticae', in: Riv. di filol. e d'istr. class. 64 (N. S. 14), 1936, 374–376. – Pertinet ad cens. Opperm. (10), 545–548.
(16) *V. de Falco, Varianti dei 'Theologumena Arithmeticae' in un codice Parigino, in: Miscellanea G. Galbiati 2, Milano 1951, 163–168. (Fontes Ambrosiani 26). – Affert varias lectiones cod. Par. gr. 2533.

---

1) * asterisco signavi libros commentationesque quos vel totos vel partim in addenda ad singulos locos recepi.

ADDENDA   XIX

De aliis libris commentationibusque (qui sunt commentarii ac disputationes)

(17) E. Zeller, Die Philosophie der Griechen in ihrer geschichtl. Entwicklung III 2, Leipzig ⁴1903 = ⁵1923 (et saepius). – Cf. 140–142. 759s. et al.; v. etiam infra (20). (33). (46).

(18) G. Mau-W. Kroll, s. v. „Iamblichos 3", in: Realenc. 9, Stuttgart 1914, 645–651. – Cf. 647. 650.

(19) = (13) – Cf. 20. 122–125. 136. 139–164. 167–174. 179–187. 191–227. 234–236. 243. 250–258. 297. 300; v. etiam supra p. XIII.

(20) E. Zeller, Die Philosophie der Griechen in ihrer geschichtl. Entwicklung I 1, Leipzig ⁶1919 = ⁷1923 (et saepius). – Cf. 361–617; v. etiam supra (17) et infra (33). (46).

(21) F. E. Robbins, The tradition of Greek arithmology, in: Class. Philol. 16, 1921, 97–123. – Cf. 114–116 et al.

(22) *A. Delatte, Essai sur la politique pythagoricienne, Liège/Paris 1922. (Bibl. de la Fac. de philos. et lettr. de l'Univ. de Liège 29). – Cf. 62. 66–70. 88. 108.

(23) *V. de Falco, Sui 'Theologoumena Arithmeticae', in: Riv. ind.-gr.-ital. 6, 1922, 49–61. – Disputat de Theolog. arithm. auctoris fontibus (v. iam supra p. XV adn. 2); cf. etiam Nestle (7), 1210; Oppermann (10), 548–558; Burkert, WuW. (47), 87 adn. 5 = Las. (56), 98 adn. 4.

(24) *V. de Falco, Sui trattati aritmologici di Nicomaco ed Anatolio, in: Riv. ind.-gr.-ital. 6, 1922, 211–220.

(25) V. de Falco, In Ioannis Pediasimi libellum de partu septemmestri ac novemmestri nondum editum, Neapoli 1923. – Cf. 10s. 13. 16. 19–22.

(26) V. de Falco, L'aritmologia pitagorica nei commenti ad Esiodo, in: Riv. ind.-gr.-ital. 7, 1923, 187–215. – Cf. 188–208. 212s.

(27) *E. Frank, Plato und die sogenannten Pythagoreer. Ein Kapitel aus der Geschichte des griechischen Geistes, Halle 1923 (ed. ster. Tübingen 1962 et saepius). – Cf. 132s. 140. 245. 251. 310s. 316. 320–325.

(28) *R. Harder, Ocellus Lucanus. Text und Kommentar, Berlin 1926 (ed. ster. 1967). (Neue philolog. Unters. 1). – Cf. 56. 62s. 75. 80. 99. 112. 149.

(29) *Nicomachus of Gerasa. Introduction to arithmetic, transl. into English by M.L.D'Ooge, with ... F. E. Robbins and L. C. Karpinski, New York 1926. (Univ. of Michigan Studies, Humanistic ser. 16). – Cf. 19. 31–33. 38. 41s. 79s. 82–88. 90. 92s. 95–99. 101s. 104–112. 115–120. 122s. 126–129. 131. 136. 183. 185. 191s. 194. 219. 238. 240. 247s. 255. 257. 262. 267 et 318 (ind.).

(30) J. Carcopino, La basilique pythagoricienne de la Porte Majeure, Paris 1927 (ed. ster. 1943). – Cf. 172. 256. 287 et 407 (ind.); v. etiam Burkert, WuW. (47), 139 adn. 273 = Las. (56), 155 adn. 197.
(31) = (10) – Cf. 548–558.
(32) *K. Staehle, Die Zahlenmystik bei Philon von Alexandreia, Leipzig/Berlin 1931. – Cf. 4s. 9. 17. 19–57 (adnn.). 64. 65s. (adnn.). 77–79. 81s.
(32A) *W. Jaeger, Vergessene Fragmente des Peripatetikers Diokles von Karystos, Berlin 1938. (Abh. d. Preuss. Akad. d. Wiss., phil.-hist. Kl. 1938, 3). – Cf. 19–36; v. etiam infra (43A).
(33) E. Zeller-R. Mondolfo, La filosofia dei Greci nel suo sviluppo storico I 2 (Ionici e Pitagorici), Firenze 1938 (ed. ster. 1950 et saepius). – Cf. 288–688; v. etiam supra (17). (20) et infra (46).
(34) *J. E. Raven, Pythagoreans and Eleatics, Cambridge 1948 (ed. ster. Amsterdam 1966). – Cf. 97. 105. 132s. 135. 139. 141s. 148s. 189.
(35) *A.-J. Festugière, La pyramide hermétique, in: Mus. Helv. 6, 1949, 211–215. – Cf. 211–214.
(36) *P. H. Michel, De Pythagore à Euclide. Contribution à l'histoire des mathématiques préeuclidiennes, Paris 1950. – Cf. 124–126. 220. 228. 270s. 286. 367.
(37) *P. Kucharski, Étude sur la doctrine pythagoricienne de la tétrade, Paris 1952. – Cf. 20–26. 30. 34. 44–46. 50. 70; rec. inter al. B. L. van der Waerden, in: Gnom. 25, 1953, 420s.
(38) *Ph. Merlan, From platonism to neoplatonism, The Hague ¹1953. – Cf. 47–49. 78. 93. 187; rec. inter al. F. W. Kohnke, in: Gnom. 27, 1955, 157–164, cf. praeterea A.-J. Festugière, in: Rev. philos. 146, 1956, 117–127 (iterat. in: A.-J. Festugière, Études de philosophie grecque, 1971, 323–333). – V. etiam infra (44). (54).
(39) *A.-J. Festugière, La révélation d'Hermès Trismégiste 4 (Le dieu inconnu et la gnose), Paris 1954. – Cf. 22s. 43s. 48. 53. 97.
(40) Z. Marković, La théorie de Platon sur l'Un et la Dyade indéfinie et ses traces dans la mathématique Grecque, in: Rev. d'hist. des sciences 8, 1955, 289–297. – Cf. 294; v. etiam infra (52).
(41) *O. Becker, Das mathematische Denken der Antike, Göttingen 1957. (Studienhefte zur Altertumswiss. 3). – Cf. 40. 45s.
(42) *O. Becker, Zum Problem der platonischen Idealzahlen (Eine Retraktation), et: Miszellen zu mathematisch-philosophischen Texten, in: Zwei Untersuchungen zur antiken Logik, Wiesbaden 1957, 1–22 et 23–25. (Klassisch-philologische Studien 17). – Cf. 9. 13. 25.
(43) G. S. Kirk-J. E. Raven, The Presocratic philosophers. A critical history with a selection of texts, Cambridge 1957 (ed. ster. 1960 et saepius). – Cf. 224. 253–255.

ADDENDA

(43A) = (32A) iteratum in: *W. Jaeger, Scripta minora 2, Roma 1960, 185–241. – Cf. 207–230.

(44) *Ph. Merlan, From platonism to neoplatonism, The Hague ²1960. – Ed. correcta et appendicibus aucta editionis anno 1953 impressae, cf. 51–53. 88. 103. 223; v. etiam supra (38) et infra (54).

(45) H. Thesleff, An introduction to the Pythagorean writings of the Hellenistic period, Åbo 1961. (Acta acad. Aboensis, Ser. A = Humaniora 24,3). – Cf. 11. 15. 18s. 24. 47. 49; rec. inter al. W. Burkert, in: Gnom. 34, 1962, 763–768.

(46) E. Zeller-R. Mondolfo, La filosofia dei Greci nel suo sviluppo storico III 6 (Giamblico ...), Firenze 1961 (ed. ster. 1968). – Cf. 29s. et al.; v. etiam supra (17). (20). (33).

(47) *W. Burkert, Weisheit und Wissenschaft. Studien zu Pythagoras, Philolaos und Platon, Nürnberg 1962. (Erlanger Beitr. zur Kunst- und Sprachwiss. 10). – Permulti tractantur loci, quorum plurimi indici (488) inserti sunt, cf. e. g. 60–64. 87. 116. 215s. 229–231. 244. 253. 296s. 408. 442s.; rec. inter al. J. S. Morrison, in: Gnom. 37, 1965, 344–354, cf. praeterea A. Maddalena, in: Riv. di filol. e d'istr. class. 92, 1964, 103–117 et C. J. de Vogel, Philosophia 1, Assen 1970, 78–91. – V. etiam infra (56).

(48) *J. Labarbe, La datation de Pythagore dans les 'Theologumena Arithmeticae' du Pseudo-Jamblique, in: Rev. belg. de philol. et d'hist. 40, 1962, 29–50. – Cf. 29–34. 44–50.

(49) K. von Fritz, s. vv. ,,Pythagoras von Samos'' et ,,Pythagoreer. Pythagoreismus bis zum Ende des 4. Jhdts. v. Chr.'', in : Realenc. 24, Stuttgart 1963, 171–209 et 209–268. – Cf. 200–203.

(50) *P. Kucharski, Sur la notion pythagoricienne du καιρός, in: Rev. philos. 153, 1963, 141–169. – Cf. 145. 147. 149. 153–161. 167s.

(51) *H. J. Krämer, Der Ursprung der Geistmetaphysik. Untersuchungen zur Geschichte des Platonismus zwischen Platon und Plotin, Amsterdam 1964 (ed. ster. 1967). – Cf. 25s. 28. 46s. 49. 62–64. 208. 215. 217. 320–322. 347s. 409s. et 456 (ind.).

(52) = (40) Germanice sub tit.: Z. Marković, Platons Theorie über das Eine und die unbestimmte Zweiheit und ihre Spuren in der griech. Mathematik, in: Zur Gesch. der griech. Mathem., hrsg. von O. Becker, Darmstadt 1965, 308–318. – Cf. 314.

(53) *J. A. Philip, Pythagoras and early Pythagoreanism, Toronto 1966. (Phoenix, Suppl. 7). – Cf. 11. 20. 41s. 75. 88. 98. 102. 107. 129. 169.

(54) *Ph. Merlan, From platonism to neoplatonism, The Hague ³1968. – Praeter novam praefationem ed. ster. editionis anno 1960 impressae; cf. supra (38). (44).

(55) *J. Mansfeld, The pseudo-hippocratic tract Περὶ ἑβδομάδων, ch. 1–11, and Greek philosophy, Assen 1971. – Cf. 3. 160. 162–171.

174. 182–185. 197. 203s.; rec. inter al. H. Thesleff, in: Gnom. 45, 1973, 232–236.
(56) = (47) Anglice (cum retractationibus) sub tit.: *W. Burkert, Lore and science in ancient Pythagoreanism, transl. by E. L. Minar, Cambridge (Mass.) 1972. – Permulti tractantur loci, quorum plurimi indici (526) inserti sunt, cf. e. g. 68–72. 98. 139s. 231. 247s. 263. 273s. 317. 431s. 467.
(57) Nonnullos Theologumenorum locos etiam affert A. von Thimus, qui est princeps eorum, qui putant numeros ratione quadam harmonicali inter se coniunctos esse. In duobus voluminibus quae inscribuntur ,,Die harmonikale Symbolik des Alterthums" (Köln 1868/1876, ed. ster. Hildesheim/New York 1972) Theologumena saepius nominavit neque tamen indice amplexus est (cf. e.g. 1,96. 129–132. 169. 227. 302. 319s.; 2,27s. 30. 35. 156s. 163).

De fragmentorum collectionibus et de aliorum librorum editionibus recentioribus

a. De collectionibus potioribus earumque notis compendiariis

(58) Orphicorum fragmenta, coll. O. Kern, Berolini 1922 (ed. ster. 1963 et 1972). (= Orph. fr., Kern).
(59) *Die Fragmente der Vorsokratiker, griech. und deutsch 1–3, von H. Diels, hrsg. von W. Kranz, Berlin ⁶1951–1952 (et saepius ed. ster., praeter add. = ⁵1934–1937). (= VS). – Cf. etiam supra p. XV, 12.
(60) *Philosophorum Pythagoreorum collectionis specimen, by H. A. Brown, Diss. Chicago 1941. (= Brown).
(61) Pitagorici. Testimonianze e frammenti 1–2, a cura di M. Timpanaro Cardini, Firenze 1958–1962. (Biblioteca di studi superiori 28. 41). (= Timp. Card.).
(62) The Pythagorean texts of the Hellenistic period, coll. and ed. by H. Thesleff, Åbo 1965. (Acta acad. Aboensis, Ser. A = Humaniora 30,1). (= Thesleff, Texts). – Rec. inter al. W. Burkert, in: Gnom. 39, 1967, 548–556.

b. De aliis fragmentorum collectionibus

(63) I Pitagorici, a cura di A. Maddalena, Bari 1954. – Ital.

ADDENDA XXIII

c. De aliorum librorum editionibus[1])

(64) Hippokrates. Über Entstehung und Aufbau des menschlichen Körpers (περὶ σαρκῶν), hrsg. von K. Deichgräber [et al.], Leipzig/Berlin 1935.
(65) Hippokrates. Über Achtmonatskinder. Über das Siebenmonatskind, hrsg., übers. und erl. von H. Grensemann, Berlin 1968. (Corp. Medic. Graec. I 2,1).
(66) Hippocrate. Tome XI (περὶ γονῆς, περὶ φύσιος παιδίου, περὶ νούσων, περὶ ὀκταμήνου), texte établi et traduit par R. Joly, Paris 1970.

d. De locis, qui fragmentorum collectionibus inserti sunt (cf. a) quique in aliorum librorum editionibus inveniri possunt (cf. inter al. c)

p. 4,1 adn.: Orphica] nunc fr. 56 (p. 135), Kern (58).
5,16 adn.: Orph.] nunc fr. 55s. 66s. 359 (p. 132. 135. 148. 344), Kern (58).
6,11–18: cf. VS 28 A 44 (I 225, 18–24).
6,18–20 et 6,20 adn.: VS 59 A 20 b (II 11,33–35).
6,20 adn.: fr. 938 N²] pertinet ad Euripidis trag. ex rec. A. Nauckii, vol. 3 (Euripidis perdit. trag. fragm. iterum rec. A. N.), 1902, 265; cf. etiam Eurip. fr. 944 ap. Tragicorum Graec. fragm., rec. A. Nauck, ²1889 (ed. ster. 1964), 665.
21,2–5. 7–10: Thesleff, Texts (62), 165,6–11.
21,10 et adn.: cf. VS 54,6 (I 444,13s.).
21,10–13: Brown (60), IX 14 (73).
21,10–13: Timp. Card. (61), II 432,28s.
21,10–13: Thesleff, Texts (62), 108,21–23.
25,17–26,3
et 25,18 adn.: VS 44 B 13 (I 413,3–11).
25,17–26,3: Timp. Card. (61), II 224,158–169.
28,7 adn.: Hipp. III 714 K.] cf. etiam IV 476 Littré (Aph. II 24).
31,6 adn.: Diels] nunc 44 A 15 (I 403,8–12).
34,21–35,6: Thesleff, Texts (62), 115,16–21.
40,9 adn.: Diels] nunc 58 C 6 (I 465,19ss.).
48,6–14
et 48,6ss. adn.: Orph. fr. 311 (p. 322), Kern (58).
52,8–13: Thesleff, Texts (62), 172,1–5.

---

1) Cf. etiam addenda ad praefationem.

ADDENDA

52,8–53,7: 84 (Neanthes) F 33 ap. Die Fragmente der griech. Historiker, von F. Jacoby, II A, 1926, 200,34–201,14.

52,8–53,7
et 52,8ss. adn.: VS 14,8 (I 99,26–100,6).

52,8–53,7: Aristox. fr. 12 ap. Die Schule des Aristoteles 2, hrsg. von F. Wehrli, 1945 (ed. alt. 1967), 11.

52,8–53,7: Timp. Card. (61), I 38,224–245.

52,19: VS 14,8 (I 99,34). 21 A 10 (I 114,36).

54,7–9: Brown (60), I 4 (3).

54,7–9: Thesleff, Texts (62), 53,15–17.

55,13 adn.: Ἱππ. VIII 636 L.] cf. etiam Die hippokrat. Schrift von der Siebenzahl ..., hrsg. von W. H. Roscher, 1913 (ed. ster. 1967), 9s.

56,10–57,9: Ostanes fr. 10 ap. J. Bidez-F. Cumont, Les mages hellénisés 2, 1938 (ed. ster. 1973), 283.

57,13–21: Thesleff, Texts (62), 154,20–155,4.

57,15s.
et 57,15 adn.: cf. VS 54,6 (I 444,12).

57,15s.: Timp. Card. (61), II 432,25–27.

61,6ss. adn.: Eys.] nunc p. 30,7ss. Willis (cf. add. ad praef. p. XVI,25).

61,7 adn.: Orph.] nunc fr. 55 (p. 132), Kern (58).

61,15ss. adn.: Hipp. I 385s. K. VII 490 L.] nunc p. 55,8–21 Joly (66).

61,15ss. adn.: Hipp. I 441 K.] nunc p. 20,3–13 Deichgräber (64); cf. etiam VIII 608–610 L.

62,8–63,1: Straton fr. 98 ap. Die Schule des Aristoteles 5, hrsg. von F. Wehrli, 1950, 31s. (ed. alt. 1969, 33s.).

63,2ss. adn.: Hipp. I 442 K.] nunc p. 20,24–29 Deichgräber (64); cf. etiam VIII 612 L.

64,4ss. adn.: Hipp. I 443 K.] nunc p. 20,29–22,2 Deichgräber (64); cf. etiam VIII 612 L.

65,3 et 8s. adn.: Hipp. VIII 598. 614 L.] nunc p. 12,24–26. 22,17–21 Deichgräber (64).

65,3 et 8s. adn.: Hipp. VII 448 L.] nunc p. 78–80 Grensemann (65) et p. 171 Joly (66).

65,8s. adn.: Hipp. I 444 K.] nunc p. 22,17–21 Deichgräber (64); cf. etiam VIII 614 L.

68,6s. adn.: Hipp. I 442 K. VIII 610 L.] nunc p. 20,18–20 Deichgräber (64).

72,2 adn.: Cassiod. PL 70] cf. etiam Corp. Christianorum, ser. lat. 97, ed. M. Adriaen, 1958, 95s.

74,10–15
et 74,10 adn.: VS 44 A 12 (I 400,17–21).

ADDENDA   XXV

 74,10–15: Timp. Card. (61), II 124,121–127.
 75,6ss. adn.: Erat.] cf. etiam fr. 15 ap. Collectanea Alexandri-
      na, ed. I. U. Powell, 1925, 61.
 75,8–76,4: Excerpta Neapolitana 1–3 ap. Musici scriptores
      Graeci, rec. C. Janus, 1895 (ed. ster. 1962), 411,1–
      412,16.
 78,6–8
et 78,6ss. adn.: Orph. fr. 314 (p. 323), Kern (58).
 79,16ss. adn.: Diels] nunc 44 B 11 (I 411s.) et 47 B 5 (I 438).
 80,1–6: Orph. fr. 315 (p. 324), Kern (58).
 81,14 adn.: Orph.] nunc fr. 316 (p. 324) Kern (58).
 81,15–19
et 81,15ss. adn.: VS 44 A 13 (I 402,12–15).
 81,15–19: Timp. Card. (61), II 138,206–211.
 82,10–85,23: Speus. fr. 4 ap. P. Lang, De Speusippi Acade-
      mici scriptis, Diss. Bonnae 1911 (ed. ster. 1965),
      53–57 (cf. etiam supra p. XV,18–20).
 82,10–85,23
et 82,10ss. adn.: VS 44 A 13 (I 400,22–402,11).
 82,10–85,23: p. 74–82 ap. Selections illustrating the history
      of Greek mathematics 1, by I. Thomas, 1939
      (ed. ster. 1951 et saepius).
 82,10–85,23: Timp. Card. (61), II 126,128–136,205.
 82,17s. adn.: Philol.] nunc 44 A 15 (I 403,8–12) et 44 B 12
      (I 412,15–413,2).

De addendis ad singulos locos[1])

a. De addendis quae ad praefationem et ad textum constituendum pertinent

 p. V,3: Pistelli] cf. etiam supra (12).
 VII,30: Cod. Escurialensem] cf. etiam supra (14).
 VIII,14: ⟨Asclepii Tralliani⟩] cf. Asclepius of Tralles ...,
    ed. by L. Tarán, 1969, 18–20.
 XV,12: Diels] nunc VS (59), I 99s. 400ss. 402. 413. II 11.
 XV,13: Roscher] cf. etiam (pseudo-)hippocratici de heb-
    domate libri editionem commentationesque, quas
    Roscher annis 1911, 1913, 1919 in lucem pro-
    tulit; sed v. nunc Mansfeld (55).

---

1) Libros commentationesque, qui saepius laudantur, adfero numeris continuis nota interdum adiecta. Praeterea libri commentationesque supra non nominati inveniuntur. Adnotationum numeros non semper exscripsi.

ADDENDA

XV, 27: Photii] cf. nunc etiam Photius. Bibliothèque 3, texte établi et traduit par R. Henry, Paris 1962, 40–48. 233 s.; rec. inter al. H. Erbse, in: Gnom. 35, 1963, 468–470.

XVI, 19: Martianus Capella] cf. nunc etiam Martianus Capella, ed. A. Dick, Lipsiae 1925 (ed. ster. cum add. ... a J. Préaux, Stutgardiae 1969).

XVI, 21: Philonis Alexandrini] cf. nunc etiam Les oeuvres de Philon d'Alexandrie, publiées ... par R. Arnaldez, J. Pouilloux, C. Mondésert, Paris 1961 ss. – Cf. vol. 1. 2. 10. 15. 22. 33.

XVI, 25: Macrobii] cf. nunc etiam A. T. Macrobii Commentarii in somnium Scipionis, ed. I. Willis, Lipsiae 1963 (ed. ster. 1970); rec. inter al. S. Timpanaro, in: Gnom. 36, 1964, 784–792.

XVI, 27: Favonii Eulogii] cf. nunc etiam Favonii Eulogii Disputatio de somno Scipionis, ed. et trad. de R.-E. van Weddingen, Bruxelles 1957. (Coll. Latomus 27). – Rec. inter al. M. Sicherl, in: Gnom. 31, 1959, 282; cf. etiam eund., Abh. d. geistes- und sozialwiss. Kl. d. Akad. d. Wiss. und dt. Lit. in Mainz, 1959, Nr. 10.

XVI, 29: Chalcidio] cf. nunc etiam Timaeus a Calcidio translatus commentarioque instructus ..., ed. J. H. Waszink, Londinii/Leidae 1962. (Plato Latinus 4).

XVII, 6: Hierocles] cf. nunc Hieroclis in aureum Pythagoreorum carmen commentarius, rec. F. G. Koehler, Stutgardiae 1974, 88–90.

XVII, 13: Theophr.] cf. nunc etiam Theophrastus. Metaphysics ..., by W. D. Ross and F. H. Fobes, Oxford 1929, 12.

XVII, 14: Ambrosius PL XIV] cf. nunc etiam CSEL 32, 1 p. 437, 13 ss. 619, 10 ss.

1 et ss.: in app. criticum non iam inserendas lectiones codicum LPNBF exceptis locis quibusdam rarissimis (cf. inter al. p. 28, 2. 29, 15) se putare me certiorem fecit V. de Falco litteris pridie Idib. April. a. MCMLXX Neapoli datis (cf. etiam Terzaghi [5], 76; Bassi [6], 255; Oppermann [10], 547).

2, 6: Ἀριθμητικῆς] Ἀ. ⟨εἰσαγωγῆς⟩ fort. Oppermann (10), 557 adn. 1.

2, 19: τῷ] τῇ de Falco (16), 167 cum codd. Par. gr. 2533 et A.

ADDENDA

4,3: τοῖς ... ὅλον] τῇ καθ' ἕκαστον ὕλῃ de Falco (16), 168 cum cod. Par. gr. 2533.
7,3: ἔτι] ὅτι Oppermann (10), 550.
7,16s.: τοῦτο αὐτό] τὸ αὐτὸ Dodds (4), 138.
8,5–7: cf. Oppermann (10), 552s., qui secl. ἐν τρισὶν ... ἀναλογίᾳ (v. 6).
9,3: συστήμασιν] συστήματι Oppermann (10), 547 (ut Ast); v. etiam de Falco (15), 375.
9,17: γνώμονι] γνώμονες Becker (42), 24.
10,2: γνώμονι] γνωμόνων Becker (42), 24.
11,19: πρώτη] πρώτῃ Oppermann (10), 547; cf. etiam app. crit. et de Falco (15), 376.
16,14: ποιεῖν] ποιεῖσθαι fort. de Falco (16), 168 cum cod. Par. gr. 2533.
16,16: οἷον] secl. Oppermann (10), 547; cf. etiam app. crit. et de Falco (15), 376.
17,12s.: cf. Oppermann (10), 556.
19,17: ἔτι γε μὴν] ὅτι αὐτὴν fort. Oppermann (10), 554.
20,23: καὶ] secl. Oppermann (10), 547; cf. etiam app. crit. et de Falco (15), 376.
21,2: τὰ] secl. putat de Falco (16), 168 cum codd. Par. gr. 2533 et AE.
25,19: ἐγκέφαλος] cum codd. scrib. κεφαλά, cf. Frank (27), 322 adn. 1; Kranz, VS I 413,5 et adn.; cf. etiam app. crit.
31,7: ὅτι] ἔτι Oppermann (10), 554; cf. etiam app. crit.
38,14: αὐτήν] τὴν ⟨πλάστιγγα⟩ cl. Iambl. p. 17,9 A. Delatte, La constitution des États-Unis et les Pythagoriciens, Paris 1948, 17 adn. 1 = Bull. de la classe des lettres de l'acad. royale de Belgique 1948, 399 adn. 1; cf. etiam de Falco (16), 168 adn. 1.
40,4s.: καθὰ ... ο'.] secl. Oppermann (10), 547; cf. etiam app. crit. et de Falco (15), 376.
40,9 adn.: Diels] nunc I 466,25.
44,4: ἐπιμελοῦς] ἐπὶ μέρους Dodds (4), 138 cl. p. 50,18s.; cf. etiam app. crit.
45,8s.: εὐδιαρθρωτική] εἰ διαρθρωτικὴ Dodds (4), 138; cf. etiam app. crit.
47,14: διχῇ] τριχῇ Dodds (4), 138.
49,7: καὶ] secl. putat de Falco (16), 168 cum codd. Par. gr. 2533 et A.
50,15: μετοχὴν] συνοχὴν fort. de Falco (16), 168 cum cod. Par. gr. 2533.
53,21: δὲ] τε de Falco (16), 168 cum codd. Par. gr. 2533 et A.

ADDENDA

54,6: ἑτερομήκης.] ἑτερομήκης προμήκης. de Falco (16), 168 cum codd. Par. gr. 2533 et A.
56,1: ἐκβολῆς] ἐκβολῇ fort. de Falco (16), 168 cum cod. Par. gr. 2533.
57,7: καὶ pr.] ἢ de Falco (16), 168 cum codd. Par. gr. 2533 et A.
58,3: ἀνωτάτου] ἀνωτάτω de Falco (16), 168 cum codd. Par. gr. 2533 et A.
58,9: πρὸς αὐτοῖς] πρὸς αὐτὰς Dodds (4), 138; cf. etiam app. crit.
61,10: ἀναλύεται] ἀνύεται de Falco (16), 168 cum cod. Par. gr. 2533.
66,7 s.: συμμετρότητα] συμμετροτάτην de Falco (15), 376.
76,2: εἰς] εἰ de Falco (15), 376.
72,6–73,3: cf. Oppermann (10), 547s., qui ἤπερ ... καὶ ε' (v. 9–11) transp. post περισσῶν (v. 13) alia mutans; v. etiam de Falco (15), 374s., qui transpositionem probat tribus ultro verbis mutatis.
73,17: [δεῖ]] δὴ de Falco (15), 376.
76,12 s.: ἐπιγράμματι] διαγράμματι Dodds (4), 138 (ut Ast); cf. etiam app. crit.
81,17: καταλαμβανομένοις] καταλαμβανομένων Burkert, WuW. (47), 253 adn. 191 = Las. (56), 273 adn. 172, qui coniecturam Beckero tribuit. Hanc autem neque ego neque Burkert a me interrogatus (litteris a.d. IV. Non. Mart. a. MCMLXXV datis) in Beckeri disputationibus invenire potuimus. – Cf. etiam app. crit.
84,6: interpunctionem post ἐξαιρετέον del. Dodds (4), 138.
85,8–14: cf. Oppermann (10), 546s., qui mutat interpunctionem; v. etiam de Falco (15), 375.
86,15: ἐστὶ] εἰσὶ nunc etiam de Falco in litt. pridie Idib. April. a. MCMLXX datis.
87,3: γίνεται] γίνονται nunc etiam de Falco in litt. pridie Idib. April. a. MCMLXX datis.
87,8 s.: συνίσταται] συνίστανται nunc etiam de Falco in litt. pridie Idib. April. a. MCMLXX datis.

De addendis quae ad commentationem pertinent

1,4s.: cf. Nicom. angl. (29), 238 adn. 2.
1,8–12: cf. Krämer (51), 64 adn.140. 347; P. Hadot, Porphyre et Victorinus 1, 1968, 311 adn. 4.

ADDENDA XXIX

1,18: Εἰσαγωγῇ] cf. Nicom. angl. (29), 86; Oppermann (10), 557.
1,20–2,3: cf. Nicom. angl. (29), 183 adn. 3.
2,5s.: cf. Nicom. angl. (29), 86. 127 adn.3. 191 adn.1; Oppermann (10), 557 adn. 1. – V. etiam Iambl. p. 14, 3ss.
2,16s.: cf. Krämer (51), 348 adn. 570.
3,1–5,19: cf. de Falco (23), 51s.; Oppermann (10), 550s. 553. 556s.
3,1–6. 3,11–4,9: cf. Nicom. angl. (29), 95 adn.5. 100 adn.4.
3,2–5: cf. Krämer (51), 26 adn.15. 347.
3,7s.: cf. Harder, Ocell. (28), 75.
3,8–10: cf. Nicom. angl. (29), 111 adn. 3; Festugière (35), 213 adn. 13.
3,17s.: cf. Krämer (51), 348 adn. 570. 401 adn. 92.
3,21–4,4: cf. Krämer (51), 62 adn. 140.
3,21s.: cf. Festugière (39), 43s.; Burkert, WuW. (47), 34 adn. 112 = Las. (56), 36 adn. 40; B. L. van der Waerden, Die Anf. der Astron., 1966, 235s.; Burkert, Ant. u. Abendl. 14, 1968, 106 adn. 31; Whittaker, The class. quart. 19, 1969, 189 adn. 11; eund., Vig. Christ. 23, 1969, 104; eund., Symbol. Osloens. 48, 1973, 77.
4,4–6: cf. Krämer (51), 63 adn.140. 347.
4,12–17: cf. Nicom. angl. (29), 101.
4,17–5,19: cf. Festugière (39), 43s.; Burkert, WuW. (47), 34 adn. 112 = Las. (56), 36 adn. 40; B. L. van der Waerden, Die Anf. der Astron., 1966, 235s.; Burkert, Ant. u. Abendl. 14, 1968, 106 adn. 31.
4,18s.: cf. Krämer (51), 347.
5,2–19: cf. Whittaker, Symbol. Osloens. 48, 1973, 77.
5,4: cf. Nicom. angl. (29), 115 adn. 5; Krämer (51), 320 adn. 478.
5,10–14: cf. Krämer (51), 347.
5,16s.: cf. Nicom. angl. (29), 116 adn. 2.
5,20–7,3: cf. Oppermann (10), 549s. 553.
6,4s.: cf. Krämer (51), 63 adn. 140.
6,6–9: cf. H. J. Krämer, Platonismus und hellenistische Philosophie, 1971, 351 adn. 405.
6,11–14: cf. Burkert, WuW. (47), 248 adn.151. 296 adn. 115 = Las. (56), 268 adn.139. 317 adn.92.
6,15–20: cf. Burkert, WuW. (47), 297 adnn. 119s. = Las. (56), 317 adnn. 95s.
7,3–13: cf. Oppermann (10), 550. 553.
7,3–5: cf. Raven (34), 135 adn. 1.
7,15–8,7: cf. Oppermann (10), 552s.

ADDENDA

7,19: cf. Nicom. angl. (29), 116 adn. 6.
8,9s.: cf. Nicom. angl. (29), 119 adn. 8.
8,10–13: cf. Nicom. angl. (29), 97 adn. 1.
8,13–9,4: cf. Nicom. angl. (29), 117. 261 adn. 6.
8,16–19: cf. Nicom. angl. (29), 93 adn. 1.
9,2–14: cf. Becker, Die Gegenwart der Griechen im neueren Denken. Festschr. für H.-G. Gadamer, 1960, 13 adn. 8; Burkert, WuW. (47), 408 adn. 38 = Las. (56), 432 adn. 34.
9,2–4: cf. de Falco (23), 56; Becker (41), 45; eund. (42), 9.
9,5s.: cf. Burkert, WuW. (47), 442 adn. 9 = Las. (56), 467 adn. 5; Krämer (51), 320s. adnn. 479. 483; Baladi, Le néoplatonisme. Coll. internat. ..., 1971, 91.
9,6s.: cf. Nicom. angl. (29), 116 adn. 4.
9,16–10,8: cf. Raven (34), 133. 189; Becker (41), 40 adn. 4; eund. (42), 13 adn. 18. 25; Burkert, WuW. (47), 31 adn. 99 = Las. (56), 33 adn. 27.
9,20–23: cf. Nicom. angl. (29), 247 adn. 1.
10,9s.: cf. Nicom. angl. (29), 117 adn. 2.
11,6–13: cf. Th. L. Heath, A history of Greek mathematics 1, 1921, 96 adn. 2; eund., A manual of Greek math., 1931 (ed. ster. 1963 et saepius), 60.
11,11–16: cf. Stamatis, Prakt. tes Akad. Athen. 31, 1956, 12. 16; 32, 1957, 316. 318 (?) (iterat. in: E. S. Stamatis, Epistemonikai Ergasiai, Arthra 1, 1972, 317. 321. 325. 327); eund., Platon 9, 1957, 63. – V. etiam p. 29,8–10.
11,16s.: cf. Oppermann (10), 553.
12,13–17: cf. Nicom. angl. (29), 118.
12,14s.: cf. Krämer (51), 347.
12,17–19: cf. Nicom. angl. (29), 118.
12,20–22: cf. Nicom. angl. (29), 116 adn. 2.
13,2–6: cf. Nicom. angl. (29), 117 adn. 3.
13,2s.: cf. Krämer (51), 348 adn. 571.
13,6–9: cf. Krämer (51), 322 adn. 488.
13,10: cf. Krämer (51), 320s. adnn. 479. 483.
14,15s.: cf. Krämer (51), 347.
14,17–16,9: cf. de Falco (23), 53.
14,19s.: cf. Becker (42), 9.
16,4–9: cf. Nicom. angl. (29), 116 adn. 6. 117 adn. 2; Krämer (51), 347.
16,4–6: cf. Harder, Ocell. (28), 99.
16,11–13: cf. Nicom. angl. (29), 255 adn. 2.
16,14–18: cf. Nicom. angl. (29), 118 adn. 3.
16,14–16: cf. Harder, Ocell. (28), 56 adn. 1. 62s.

ADDENDA

17,15–19,20: cf. de Falco (23), 49s. 56s.; Oppermann (10), 554.
17,15–17: cf. Nicom. angl. (29), 116 adn. 7.
19,18: ἁρμονίαν] cf. Gaiser, Studia Platonica. Festschr. für H. Gundert, 1974, 66 adn. 2.
20,2–30,15: cf. de Falco (23), 50s.; Oppermann (10), 554; Kucharski (37), 44–46; Krämer, Philolog. 110, 1966, 65 adn. 1 (iterat. in: Das Problem der ungeschr. Lehre Platons, hrsg. von J. Wippern, 1972, 436 adn. 102).
20,2–28,1: cf. Festugière (35), 211–214.
20,7–10: cf. Kucharski (37), 30 adn. 3. 46 adn. 2.
21,7–19: cf. Th. A. Szlezák, Pseudo-Archytas. Über die Kategorien, 1972, 174s.
21,7–10: cf. Merlan, PN[1] (38), 78 = PN[2/3] (44/54), 88; Burkert, Philolog. 105, 1961, 26 adn. 1; L. Richter, Zur Wissenschaftslehre von der Musik bei Platon und Aristoteles, 1961, 59; v. d. Waerden, Realenc. Suppl. 10, 1965, 853,36–40.
21,10–13: cf. supra De fragm. coll. d.; Michel (36), 228; Burkert, Pseudepigrapha 1 (Fond. Hardt, Entr. 18), 1972, 48 adn. 1; Thesleff, Gnom. 45, 1973, 235.
21,17–19: cf. Krämer (51), 347s.
21,19–21: cf. Nicom. angl. (29), 116 adn. 3.
22,5: χροιὰς] cf. Gaiser, Arch. für Gesch. d. Philos. 46, 1964, 248 adn. 12 (iterat. in: Das Problem der ungeschr. Lehre Platons, hrsg. von J. Wippern, 1972, 337 adn. 12). – V. etiam p. 25,15.
22,10s.: cf. Merlan, PN[1] (38), 48 = PN[2/3] (44/54), 52.
22,21–23,2: cf. Theiler, Gnom. 28, 1956, 284.
25,15s.: cf. Burkert, WuW. (47), 60 adn. 96 = Las. (56), 68 adn. 96. – V. etiam p. 22,5.
25,17–26,3: cf. Frank (27), 311. 320–323; F. M. Cleve, The giants of pre-sophistic Greek philosophy 2, 1965, 475–477; C. J. de Vogel, Philosophia 1, 1970, 56.
26,20–27,15: cf. Theiler, Gnom. 28, 1956, 284.
26,20–27,1: cf. Krämer (51), 348.
28,1–20: cf. Nicom. angl. (29), 86.
28,11–28,18: cf. I. Lévy, Recherches esséniennes et pythagoriciennes, 1965, 24 s.
29,6–11: cf. Delatte, Pol. (22), 66; Oppermann (10), 552.
29,10–30,15: cf. Burkert, WuW. (47), 49 adn. 14 = Las. (56), 55 adn. 14.
29,10–12: cf. de Falco (24), 217.
30,2–15: cf. Merlan, PN[1] (38), 47 = PN[2/3] (44/54), 51s.; Mansfeld (55), 160 adn. 24.

ADDENDA

30,16–31,1: cf. de Falco (23), 58.

30,19s.: cf. J. Carcopino, De Pythagore aux apôtres, 1956 (ed. ster. 1968), 361.

31,4–7: cf. E. Sachs, Die fünf platonischen Körper, 1917, 19.

31,16–32,18: cf. de Falco (23), 54.

32,5s.: cf. Nicom. angl. (29), 99 adn. 1.

32,17–20: cf. E. Sachs, Die fünf platonischen Körper, 1917, 12s. 20.

34,11: ἀνεικίαν] cf. Burkert, WuW. (47), 442 adn. 9 = Las. (56), 467 adn. 5. – V. etiam p. 35,1.

34,21–35,6: cf. Burkert, WuW. (47), 442 adn. 7 = Las. (56), 467 adn. 3; eund., Pseudepigrapha 1 (Fond. Hardt, Entr. 18), 1972, 48 adn. 1.

36,20–39,24: cf. Delatte, Pol. (22), 68–70. 99. 113; eund., La constitution des États-Unis et les Pythagoriciens, 1948, 16s. = Bull. de la classe des lettres de l'acad. royale de Belgique 1948, 398s.

38,16s.: cf. Delatte, Pol. (22), 62.

42,1–17: cf. de Falco (23), 51. 53s.; Oppermann (10), 554.

42,2–10: cf. Nicom. angl. (29), 92 adn. 1.

43,5–8: cf. Oppermann (10), 557.

43,7: cf. Burkert, WuW. (47), 443 adn. 12 = Las. (56), 467 adn. 8.

44,1–13: cf. Nicom. angl. (29), 98; Burkert, WuW. (47), 230 adn. 49 = Las. (56), 247 adn. 44.

44,15s.: cf. Burkert, WuW. (47), 408 adn. 32 = Las. (56), 431 adn. 28.

45,8–46,4: cf. Nicom. angl. (29), 109s.

47,17s.: cf. Nicom. angl. (29), 238 adn. 4.

48,6s.: cf. Philip (53), 129.

50,21–51,4: cf. Burkert, WuW. (47), 406 adn. 13 = Las. (56), 429 adn. 11.

51,4–25: cf. Labarbe (48), 29.

51,16–25: cf. Burkert, WuW. (47), 244 adn. 128 = Las. (56), 263 adn. 120.

51,18s.: cf. E. Sachs, Die fünf platonischen Körper, 1917, 152.

51,21–25: cf. Staehle (32), 81.

52,5–53,7: cf. Labarbe (48), 30–34. 44–50.

52,5–16: cf. de Falco (24), 214 adn. 2; Burkert, WuW. (47), 230 adn. 49 = Las. (56), 247 adn. 44; Dillon, The class. rev. 19, 1969, 274s.

52,8–53,7: cf. F. Jacoby, Apollodors Chronik, 1902, 221s.; eund., Die Fragm. der griech. Historiker II D, 1930, 806 (244 F 339 comm.), III a, 1943 (ed.

ADDENDA

ster. 1954), 294s. (273 F 94 comm.); F. Wehrli, Die Schule des Aristoteles 2, 1945 (ed. alt. 1967), 50; Burkert, WuW. (47), 91 adn. 27. 116 adnn. 120.122. 151 adn. 9 = Las. (56), 102 adn. 27. 139s. adnn. 108. 110; Philip (53), 75. 169.

52,8: Ἀνδροκύδης] cf. VS I 465,24 adn.; Burkert, WuW. (47), 151s. 157s. et al. = Las. (56), 167. 173–175 et al.; Philip, Transact. and proc. of the Am. Philol. Ass. 94, 1963, 189; L. Tarán, Asclepius of Tralles. Commentary to Nicomachus ..., 1969, 76. – V. etiam Iambl., Vit. Pyth. p. 81, 11s. Deubn.

52,12–16: cf. v. d. Waerden, Realenc. Suppl. 10, 1965, 848,5–7.

53,1–5: cf. Burkert, WuW. (47), 88 adn. 12. 177 adn. 18 = Las. (56), 100 adn. 11. 112 adn. 16; W.K.C. Guthrie, A history of Greek philosophy 1, 1962, 217s.; J. Labarbe, L'ant. class. 31, 1962, 164. 170.

54,8: Ἀρισταῖος] cf. E. Sachs, Die fünf platonischen Körper, 1917, 130s.; VS I 405,2 adn.; Brown (60), 1–9; Michel (36), 220. – V. etiam Iambl. p. 118,26. Vit. Pyth. p. 60,5. 142,10–18 Deubn.

55,11: cf. Jaeger (32A), 27 adn. 2 = (43A), 218 adn. 2.

55,14–56,7: cf. Labarbe (48), 44.

56,10–71,21: cf. de Falco (23), 50. 58s.; eund. (24), 215; Oppermann (10), 554s.; Kucharski (50), 153–161. 167s.

56,10–57,9: cf. J. Bidez-F. Cumont, Les mages hellénisés 2, 1938 (ed. ster. 1973), 228. 283s.

57,7: ἐξάρχοντας] cf. Harder, Ocell. (28), 112 adn. 2.

57,13–20: cf. Jaeger (32A), 28 adn. 2. 32 adn. 1 = (43A), 219 adn. 2. 224 adn. 2; Burkert, WuW. (47), 442 adn. 7 = Las. (56), 467 adn. 3; eund., Gnom. 34, 1962, 768; Mansfeld (55), 169 adn. 69; Burkert, Pseudepigrapha 1 (Fond. Hardt, Entr. 18), 1972, 48 adn. 1; Thesleff, Gnom. 45, 1973, 235.

57,21–58,4: cf. Nicom. angl. (29), 95 adn. 4; Festugière (39), 23.

58,15–19: cf. Krämer (51), 348 adn. 568.

58,21–23: cf. Nicom. angl. (29), 38 adn. 4.

59,5–61,2: cf. Mansfeld (55), 182–184. 203s.

59,5–10: cf. Burkert, WuW. (47), 215s. adnn. 73. 75 = Las. (56), 231 adnn. 66s.

59,14–16: cf. Burkert, WuW. (47), 408 adn. 32 = Las. (56), 431 adn. 28.

ADDENDA

61,2–67,2: cf. Mansfeld (55), 164–171.
61,13–67,2: cf. Jaeger (32 A), 19–36 = (43 A), 207–220; W. Kullmann, Wissenschaft und Methode, 1974, 354 adn. 17.
62,8–63,1: cf. F. Wehrli, Die Schule des Aristoteles 5, 1950, 68s. (ed. alt. 1969, 70s.); Burkert, WuW. (47), 244 adn. 128. 408 adn. 32. 450 adn. 78 = Las. (56), 263 adn. 120. 431 adn. 28. 475 adn. 61.
62,8–20: cf. Festugière, Rev. ét. gr. 58, 1945, 53 adn. 3 (iterat. in: A.-J. Festugière, Études de philosophie grecque, 1971, 423 adn. 3).
62,8–11: cf. Staehle (32), 79.
63,5–64,7: cf. Staehle (32), 9 adn. 4. 77s.
63,7–25: cf. Burkert, WuW. (47), 244 adn. 128 = Las. (56), 263 adn. 120.
63,17s.: cf. Krämer (51), 348 adn. 568.
63,25–64,4: cf. Burkert, WuW. (47), 230 adn. 49 = Las. (56), 247 adn. 44.
64,11–13: cf. de Falco (24), 214 adn. 2.
64,14–17: cf. Staehle (32), 82.
64,17–19: cf. Mansfeld (55), 183.
66,5–10: cf. de Falco, Riv. ind.-gr.-ital. 7, 1923, 18; Staehle (32), 64.
66,13: cf. Burkert, WuW. (47), 408 adn. 32 = Las. (56), 431 adn. 28.
67,4: cf. Jaeger (32 A), 28 adn. 2 = (43 A), 219 adn. 2.
67,18–68,6: cf. Mansfeld (55), 197.
68,12: cf. Jaeger (32 A), 31 adn. 3 = (43 A), 224 adn. 1.
71,13–16: cf. Evrard, L'ant. class. 29, 1960, 122 adn. 90.
73,5: παναρμόνιος] cf. Delatte, Pol. (22), 68.
74,7s.: cf. Krämer (51), 348 adn. 568.
74,10–15: cf. Frank (27), 316; Nicom. angl. (29), 90 adn. 4; Raven (34), 148; Kucharski (37), 70 adn. 1; Burkert, WuW. (47), 229 adn. 45 = Las. (56), 247 adn. 41; F. M. Cleve, The giants of presophistic Greek philosophy 2, 1965, 473s.; Philip (53), 41.
75,2s.: cf. Oppermann (10), 555; Krämer (51), 348 adn. 568.
75,6: cf. Burkert, Philolog. 105, 1961, 40 adn. 1.
75,8–76,4: cf. Burkert, WuW. (47), 330 adn. 96 = Las. (56), 353 adn. 17.
76,12s.: cf. supra p. 36,12 (v. etiam Oppermann [10], 554).
77,15s.: cf. supra p. 36, 17 (v. etiam Oppermann [10], 554).

ADDENDA

79,5–8: cf. Nicom. angl. (29), 98; Cherniss, Am. journ. of philol. 61, 1940, 364 adn. 12.

79,8–80,1: cf. Nicom. angl. (29), 107.

79,16–19: cf. Krämer (51), 410 adn. 133.

79,23: cf. Burkert, WuW. (47), 253 adn. 191 = Las. (56), 273 adn. 172.

79,24: πρόθεσιν] cf. Krämer (51), 63 adn. 140.

80,10–15: cf. Nicom. angl. (29), 99 adn.1. 219 adn.1.

81,15–19: cf. Burkert, WuW. (47), 146 adn.26. 231 adn. 54. 253 adn.191 = Las. (56), 213 adn.19. 248 adn.48. 273 adn.172.

81,19–22: cf. Burkert, WuW. (47), 67 adn.143. 255 adn. 206 = Las. (56), 76 adn.149. 276 adn.183.

82,3. 8: cf. Burkert, WuW. (47), 215s. adnn. 73. 75 = Las. (56), 231 adnn. 66s.

82,10–85,23: cf. Th. L. Heath, A history of Greek mathematics 1, 1921, 72. 75s. 318; Frank (27), 132s. 140. 245. 251. 310s. 316. 324s.; Nicom. angl. (29), 19 adn.3. 88 adn.2. 90 adn.6; Th. L. Heath, A manual of Greek math., 1931 (ed. ster. 1963 et saepius), 40. 43; H. Cherniss, Aristotle's criticism of presocratic philosophy, 1935 (ed. ster. 1964 et 1971), 242. 390s.; Selections illustrating the history of Greek mathematics 1, by I. Thomas, 1939 (ed. ster. 1951 et saepius), 75–83; Raven (34), 97. 105. 139. 141s.; Kucharski (37), 20–26; Merlan, PN[1] (38), 49. 93 = PN[2/3] (44/54), 53. 103; Becker (41), 46; Burkert, WuW. (47), 21 adn.47. 61–64. 229. 407. 442 adn.7 = Las. (56), 23 adn.38. 63 adn.62. 69–72. 246. 431. 467 adn. 3; W.K.C. Guthrie, A history of Greek philosophy 1, 1962, 260. 332 adn.3; K. Gaiser, Platons ungeschriebene Lehre, 1963 (ed. ster. 1968), 418s.; Krämer (51), 49 adn.91. 208 adn. 40. 215. 217. 409s.; Philip (53), 11. 20. 41s. 88. 98. 102. 107; Isnardi Parente, Philomathes. Studies ... in memory of Ph. Merlan, 1971, 158s.

82,10–20: cf. Festugière, Rev. ét. gr. 58, 1945, 25 adn. 1 (iterat. in: A.-J. Festugière, Études de philosophie grecque, 1971, 395 adn. 1).

82,10–13: cf. Philip, Phoenix 17, 1963, 256. 263.

82,19: ἀναλογίας] cf. W. Kullmann, Wissenschaft und Methode, 1974, 149 adn. 41.

82,20–84,9: cf. Staehle (31), 4s.; Boyancé, Rev. ét. gr. 76, 1963, 90.

ADDENDA

83,1–5: cf. Cherniss, Am. journ. of philol. 61, 1940, 364 adn. 12; Kucharski (37), 50 adn. 1.
84,7–12: cf. Raven (34), 105. 142; Festugière (35), 211.
84, 11: cf. Merlan, PN¹ (38), 48s. = PN²/³ (44/54), 52s.
85,1–4: cf. F. M. Cleve, The giants of pre-sophistic Greek philosophy 2, 1965, 458s.
85,22: γενέσει] cf. Burkert, Ant. u. Abendl. 14, 1968, 114 adn. 53.
85,22s.: cf. Raven (34), 105. 142; Theiler, Isonomia (hrsg. von J. Mau und E. G. Schmidt), 1964, 99 (iterat. in: W. Theiler, Unters. zur ant. Lit., 1970, 471s.).
86,3: cf. Burkert, WuW. (47), 64 adn. 122 = Las. (56), 72 adn. 122.

[ΙΑΜΒΛΙΧΟΥ]
ΤΑ ΘΕΟΛΟΓΟΥΜΕΝΑ ΤΗΣ ΑΡΙΘΜΗΤΙΚΗΣ

TABULA CODICUM ATQUE EDITIONUM

M = Marcianus 234 s. XV in. [a me primum conlatus]
L = Laurentianus XXX pl. 71 s. XV [a me primum conlatus]
P = Parisinus 1943 s. XVI [ab editore principe adhibitus; in usum meum contulit H. Lebègue]
N = Neapolitanus III C 7 s. XV ex. [a me primum conlatus]
B = Neapolitanus III C 8 s. XV ex. vel XVI in. [a me primum conlatus]
F = Magliabechianus 14 (XI 38) s. XVI [a me primum conlatus]
E = Mutinensis 90 (III C 11) s. XIV in. [a me primum conlatus]
    [**E**] codicis defectus: v. praef. p. XII
A = Ambrosianus 780 (Et 157 sup.) s. XIV ex. [a me primum conlatus]
    [**A**] codicis defectus
c = consensus codicum omnium
x = consensus codicum **MLPNBF**
y = consensus codicum **MLNBF**
p = editio princeps Wecheliana a. 1543
Ast = editio Astiana a. 1817.

    H. Pistelli a. 1897 codices **MLPF** contulit, sed conlationes numquam in lucem edidit.

ΤΑ ΘΕΟΛΟΓΟΥΜΕΝΑ ΤΗΣ ΑΡΙΘΜΗΤΙΚΗΣ

⟨περὶ μονάδος.⟩ I

Μονάς ἐστιν ἀρχὴ ἀριθμοῦ, θέσιν μὴ ἔχουσα· λέγεται δὲ μονὰς παρὰ τὸ μένειν· καὶ γὰρ ἡ μονάς, ἐφ᾽ ὃν γίνεται ἀριθμόν, φυλάσσει τὸ αὐτὸ εἶδος, οἷον ἅπαξ τρία τρία, ἅπαξ τέσσαρα τέσσαρα· ἰδοὺ γὰρ ἐπὶ τούτοις προσελθοῦσα ἡ μονὰς τὸ αὐτὸ εἶδος ἐφύλαξε καὶ οὐκ ἐποίησεν ἕτερον ἀριθμόν. πάντα γὰρ ἐκ τῆς πάντα δυνάμει περιεχούσης μονάδος διακεκόσμηται· αὕτη γὰρ καὶ εἰ μήπω ἐνεργείᾳ ἀλλ᾽ οὖν σπερματικῶς πάντας τοὺς ἐν πᾶσιν ἀριθμοῖς καὶ δὴ καὶ τοὺς ἐν δυάδι λόγους ἔχει, ἀρτία τε οὖσα καὶ περιττὴ καὶ ἀρτιοπέριττος καὶ γραμμὴ καὶ ἐπίπεδος καὶ στερεὰ κυβική τε καὶ σφαιρική, καὶ ἀπὸ τετραγώνου μέχρις ἀπειρογώνου ἐν πυραμίδων εἴδεσι, τελεία τε καὶ ὑπερτελὴς καὶ ἐλλιπὴς καὶ ἀνάλογος καὶ ἁρμονικὴ καὶ πρώτη καὶ ἀσύνθετος καὶ δευτέρα καὶ διαμετρική τε καὶ πλευρική, καὶ ἐν ἰσότητι καὶ ἐν ἀνισότητι πάσης κατάρχουσα σχέσεως, ὡς ἐν τῇ Εἰσαγωγῇ ἀποδέδεικται· πρὸς δὲ τοῖς εἰρημένοις σημεῖόν τε καὶ γωνία σὺν ἅπασι τῆς γωνίας εἴδεσιν, ἀρχή τε καὶ μέσον καὶ τέλος τῶν ὅλων φαίνεται· * ἐπὶ μὲν τὸ

---

5 μονὰς παρὰ τὸ μένειν cf. Lyd. II 6. Theo p. 19, 8. Iambl. p. 11, 24. 73, 9. Stob. ecl. I 1, 8. Del. p. 167, 4. 171 sq.

---

3 add. Ast 4 δὲ post μονάς add. E δὲ] δὴ p 5 γίγνεται NBF 7 ἰδοῦ Ast 8 ἕτερον EA om. xpAst 9 δυναμ/ E 10 μήπως N 11 διάδι ENF 14 ἀπειρογόνου NF εἴδεσι] εἰσι P 16 καὶ post δευτέρα om. E 17 ἐν alt. om. P 19 σὺν] καὶ NF τοῖς γωνίοις xp τῆς γωνίας AE τοῖς γωνιῶν mavult Ast 20 μέσῃ cp corr. Ast   lacunam statuit Ast, fort., cl. Iambl. p. 13, 13—18, sic explendam: ⟨ἐκ γὰρ τοῦ ἄτομος φύσει ἡ μονὰς εἶναι, πέρας ἐφ᾽ ἑκάτερον καὶ ὁρισμὸς ἡ αὐτὴ φαίνεται⟩ μὲν om. B

μεῖον αὐτῆς, τὴν ἐπ' ἄπειρον τοῦ συνεχοῦς ὁρίζουσα τομήν, ἐπὶ δὲ τὸ μεῖζον, τὴν ὁμοίαν τοῖς διῃρημένοις ἐπαύξησιν, οὐχ ἡμῶν τοῦτο θεμένων ἀλλὰ θείας φύσεως. ἀναλόγως γοῦν ἀνθυπακούει καὶ ἀντιπερίσταται ἑκάτερα ἐν αὐτῇ τὰ μέρη πρὸς
5 τὰ ὅλα, ὡς ἐν τῷ λαμβδοειδεῖ διαγράμματι ἐσαφηνίσθη κατὰ τὴν ἀρχὴν τῆς Ἀριθμητικῆς· διὸ καὶ ὡς τὰ μήκει διπλάσια |
4 δυνάμει ⟨μὲν⟩ τετραπλάσια, στερεῷ δὲ ὀκταπλάσια, καὶ τὰ μήκει τριπλάσια δυνάμει μὲν ἐννεαπλάσια, στερεῷ δὲ ἑπτακαιεικοσαπλάσια, ἐν τῇ τῶν ἀριθμῶν πάντων εὐταξίᾳ, οὕτω
10 κἂν τῇ τῶν μερῶν τὰ μὲν μήκει ἡμίση δυνάμει ⟨μὲν⟩ τεταρτημόρια, στερεῷ δὲ ὀγδοημόρια, τὰ δὲ μήκει τρίτα δυνάμει μὲν ἔννατα, στερεῷ δὲ ἑπτακαιεικοσιμόρια. καὶ πᾶν δὲ πλήθους σύστημα ἢ ὑποτομῆς μόριον κατὰ μονάδα εἰδοποιεῖται· μία γὰρ δεκὰς καὶ μία χιλιὰς καὶ ἔμπαλιν δέκατον ἓν καὶ χιλιοστὸν
15 ἓν καὶ τὰ μόρια ἐπ' ἄπειρον. καθ' ἕκαστον δὲ τούτων εἴδει μὲν ἡ αὐτὴ μονάς, μεγέθει δὲ ἄλλη καὶ ἄλλη, ἑαυτὴν πρὸς τούτοις γεννῶσα ἐξ ἑαυτῆς, καθὰ καὶ ὁ κοσμικὸς λόγος καὶ ἡ τῶν ὄντων φύσις, καὶ πάντα διατηροῦσα καὶ μεταπίπτειν οὐκ ἐῶσα, ᾧ ἂν προσγένηται, μόνη τῶν ἄλλων ὁμοίως τῷ τοῦ
20 παντὸς σωτηρίῳ προνοίᾳ ἐμφῆναί τε τὸν περὶ θεοῦ λόγον καὶ προσοικειωθῆναι αὐτῷ μάλιστα πάντων ἐπιτηδειοτάτη, ὅσῳ προσεχεστάτη. καὶ εἶδος εἰδῶν τυγχάνει, ὡς τέχνη τις τεχνικῷ καὶ νόησις νοητικῷ. μετρίως δὲ ἀπεδείχθη τοῦτο ἐν τῇ περὶ

7sqq. cf. Macr. I 6, 3 (v. et 46)   22 εἶδος εἰδῶν Iambl. p. 11, 16. Syrian. in met. p. 140, 8. 149, 18 Kroll.

1 αὐτῆς] αὐτῶν mavult Ast   2 ἐπ' αὔξησιν BNFp   3sq. ἀνθυπακούειν LB ἀνθ' ὑπακούει ENF   4 ἀντιπερίσταται NF μήρει L   5 λαμδοειδεῖ F λαμβδοειδεῖ P alt. m. corr. τὸ διάγραμμα exhibet Iambl. p. 14, 3 (v. adn.). 127   6 μήκη B
7 δυνάμ./ E   μὲν addidi   8sq. ἑπτὰ καὶ εἰκοσαπλάσια P
10 μὲν addidi   11 δὲ alt om. F   12 ἔνατα MLP   13 ἢ om. PpAst   ὑπὸ τομῆς F   14 καὶ tert. om. E   15 τοῦτον N εἴδη E   17 αὑτῆς pAst   18 διατηροῦσα ex διατηρροῦσα alt. m. corr. P διατερούως p   19 μόνη bis NF   20 προνοία NF   21 προσοικιωθῆναι P προσεικιωθῆναι p   ὅσῳ] οὖσα E
23 καὶ νόησις νοητικῷ om. NF νόημα E

ἑτερομήκων καὶ τετραγώνων ἐναντιώσει τῇ φιλαλλήλῳ. καὶ ὅτι
τὸν θεόν φησιν ὁ Νικόμαχος τῇ μονάδι ἐφαρμόζειν, σπερματικῶς ὑπάρχοντα πάντα τὰ ἐν τῇ φύσει ὄντα ὡς αὐτὴν ἐν
ἀριθμῷ, ἐμπεριέχεταί τε δυνάμει τὰ δοκοῦντα ἐναντιώτατα
κατ᾽ ἐνέργειαν εἶναι πᾶσιν ἁπλῶς ἐναντιότητος τρόποις, καθὼς
αὐτὴ ἀρρήτῳ τινὶ φύσει πανείδεος οὖσα ὤφθη παρ᾽ ὅλην τὴν
Ἀριθμητικὴν εἰσαγωγήν, ἀρχήν τε καὶ μέσον καὶ τέλος ἀνειληφυῖα τῶν ὅλων, ἐάν τε κατ᾽ ἀλληλουχίαν ἐάν τε κατὰ παράθεσιν ἐπινοῶμεν αὐτὴν συνεστάναι, καθάπερ καὶ μονὰς ἀρχή τε
καὶ μέσον καὶ τέλος ποσοῦ τε καὶ πηλίκου καὶ προσέτι πάσης
ποιότητος. ὡς δὲ οὐκ ἄνευ αὐτῆς σύστασις ἁπλῶς τινος, οὕτως
οὐδὲ χωρὶς αὐτῆς γνώρισις οὑτινοσοῦν, ὡς φωτὸς καθαροῦ
κυριωτάτης πάντων ἁπλῶς οὔσης, καὶ ἡλιοειδοῦς καὶ | ἡγεμονικοῦ, ἵν᾽ ἐοίκῃ καθ᾽ ἕκαστον τούτων τῷ θεῷ, καὶ μάλιστα
καθὸ φιλιωτικὴ καὶ συστατικὴ καὶ τῶν πολυμιγῶν καὶ πάνυ
διαφορωτάτων, ὡς ἐκεῖνος ἐξ οὕτως ἀντικειμένων ἁρμόσας καὶ
ἑνώσας τόδε τὸ πᾶν· ἑαυτήν γε μὴν γεννᾷ καὶ ἀφ᾽ ἑαυτῆς
γεννᾶται ὡς αὐτοτελὴς καὶ ἄναρχος καὶ ἀτελεύτητος, καὶ διαμονῆς αἰτία φαίνεται, καθὼς ὁ θεὸς ἐν τοῖς φυσικοῖς ἐνεργήμασι τοιοῦτος ἐπινοεῖται, διασωστικὸς καὶ τῶν φύσεων τηρητικός. λέγουσιν οὖν ταύτην οὐ μόνον θεόν, ἀλλὰ καὶ νοῦν

---

2 sq. cf. Theo p. 37, 18. 43, 10. 100, 2   18 ἄναρχος κ. ἀτελ.
cf Macr. I 1, 7   18 sq. διαμονῆς αἰτία Ph. (p. 143 b 11)   21 θεόν
Ph. Theo p. 100, 5. Macr. I 6, 8 etc.   νοῦν Ph. Theo p. 98, 1.
100, 5. Macr. l. s. Hesych. Arist. met. 985 b 26. Alex. Aphr.
et Philop. ad loc. An. p. 29, 20. Del. p. 167, 4 etc.

2 ἐφαρμόζει xEp   3 πάντα τὰ om. NB   αὐτῇ corr. Ast
4 τε om. pAst   ἐναντιότητα F   5 καθὼς EF   6 πανύδεος p
πανειδὴς Ast   7 μέσην MLNFPAE μέσιν B corr. Ast   9 αὐτήν]
αὐτὰ mavult Ast fort. recte   συνεστάναι p   9 sq. ἀρχῆς τε
καὶ μέσου καὶ τέλους ex ἀρχή τε κ. μέσον κ. τέλος alt. m.
corr. E   12 οὐδὲ] δὲ PpAst   13 ἡλιοειδῆ F   14 οἴκῃ p
15 φιλιωτικὴ y A Ast in adn. Pistelli φιλωτικὴ EPp   15 sq. πολυμιγέων καὶ πανδιαφορωτάτων E   16 ὄντων ex οὕτως alt. m.
corr. E   17 ἠνώσας P ἑνώσας. Τὸ δὲ πᾶν corr. Ast ἐφ᾽ F
18 ὡς AE καὶ xpAst   19 καθὼς p   19 sq. ἐνηργήμασι p   20 ἐπινοεῖτο L   ἐπινοῆται p   διασωστήκὸς NF ead. m. corr.   20 sq. διατηρητικός F   τηρητικός ex διατηρ. ead. m. corr. N

καὶ ἀρσενόθηλυν· νοῦν μέν, ὅτι τὸ ἐν θεῷ ἡγεμονικώτατον
καὶ ἐν κοσμοποιΐᾳ καὶ ἐν πάσῃ ἁπλῶς τέχνῃ τε καὶ λόγῳ, εἰ
καὶ μὴ ἐπιφαίνοιτο τοῖς καθ᾽ ἕκαστον ὅλον, δι᾽ ἐνεργείας νοῦς
ἐστι, ταυτότης τις ὢν καὶ ἀμετάτρεπτος δι᾽ ἐπιστήμης, ὡς αὐτὴ
5 πάντα περιειληφυῖα ἐν ἑαυτῇ κατ᾽ ἐπίνοιαν, εἰ καὶ κατ᾽ ἔκ-
στασιν ἐν τοῖς τῶν ὄντων εἴδεσιν, ὡς λόγος τις τεχνικὸς
ἐοικὼς τῷ θεῷ, καὶ οὐ μεθισταμένη τοῦ καθ᾽ ἑαυτὴν λόγου,
οὐδὲ μεθίστασθαι ἄλλον τινὰ ἐῶσα, ἀλλὰ ἄτρεπτος ὡς ἀληθῶς
καὶ μοῖρα Ἄτροπος. διὰ τοῦτο γὰρ καλεῖται δημιουργὸς
10 καὶ πλάστρια, προσόδοις καὶ ἀποχωρήσεσιν ἐπινοουμένη τῶν
μαθηματικῶν φύσεων, ἀφ᾽ ὧν σωματότητες καὶ ζωογονίαι καὶ
συντάξεις κοσμικαί. διὸ καὶ Προμηθέα μυθεύουσιν αὐτήν,
δημιουργὸν ζωότητος, ἀπὸ τοῦ πρόσω μηδενὶ τρόπῳ θεῖν
μηδ᾽ ἐκφοιτᾶν τοῦ ἰδίου λόγου μονώτατα μηδὲ τὰ ἄλλα ἐᾶν,
15 μεταδιδοῦσαν τῶν ἰδιωμάτων ἑαυτῆς· ὁπόσαις γὰρ ἂν αὐξηθῇ
ἀποστάσεσιν ἢ ὁπόσας ἂν αὐξήσῃ, θεῖν πρόσω κωλύει καὶ
μεταπίπτειν τὸν ἐξ ἀρχῆς ἑαυτῆς τε κἀκείνων λόγον. ὡς
δὲ σπέρμα συλλήβδην ἁπάντων ἄρσενά τε καὶ θήλειαν τὴν
αὐτὴν τίθενται, οὐ μόνον ἐπεὶ τὸ μὲν περισσὸν ἄρσεν δυσδιαί-

---

1 ἀρσενόθηλυν Ph. Macr. l. l. Orphica fr. 38 C Abel 7 sqq. cf.
Theo p. 19, 8. 100, 2 sq. 9 Ἄτροπος Iambl. p. 13, 11 δημιουρ-
γός Plato ap. Anon. ap. Tannery ed. Dioph. II 75. Procl. in
remp. II p. 169 Kr. Hippol. adv. haer. VI 2, 28 etc. 18 σπέρμα
cf. Theo p. 37, 18. Mart. Cap. VII 731. Favon. 2, 28

---

1 ἀρσενοθύλην p   ἡγεμωνικώτατον P ἡγεμονικότατον p
3 τοῖς MA ab ead. m. τῆς LNFBPp τῇ E om. Ast καθέκα-
στον A ὅλη xAp ὅλη E ὅλης Ast ὅλον Heiberg διενεργείας A
5 αὐτῇ E   5 sq. κατέκστασιν F   6 τὴν ante ἐν add. E
εἴδεσι P   7 μεθ᾽ ἱσταμένη N μεθιστάμενος E καθισταμένη Pp
ἀφισταμένη Bullialdus   9 διὰ] καὶ c, correxi   10 ἀποχυρήσε-
σιν M ἀποχωρίσεσιν P ἀποχωρήσεσι pAst   12 προμνθέα BNF
13 πρώτω E   14 μηθ᾽] μηδὲ pAst   τοῦ] ταυτοῦ P   μονώτατα
cp -τάτην Ast μὴ δὲ P τὰ om. pAst   15 μεταδιδοῦσα NF
post μεταδιδοῦσαν addendum fort. tale quid ⟨ἐπιμόνως⟩
16 ἀποτάσεσιν E ὁπόσους cp corr. Ast   17 post μεταπίπτειν
addendum fort. ⟨κελεύει⟩ εἰς ante τὸν add. Ast   18 θηλείαν
pAst   19 περιττὸν xpAst περισσὸν AE

ρετον ὄν, τὸ δὲ ἄρτιον θῆλυ εὔλυτον ὂν ᾤοντο, ἀρτίαν δὲ καὶ περισσὴν μόνην αὐτήν, ἀλλὰ καὶ ὅτι πατὴρ καὶ μήτηρ, ὕλης καὶ εἴδους λόγον ἔχουσα, ἐπενοεῖτο, τε | χνίτου καὶ τεχνη- τοῦ· καὶ δυάδος γὰρ παρεκτικὴ διφορηθεῖσα· ῥᾷον γὰρ τεχνίτῃ ὕλην ἑαυτῷ προσάγεσθαι ἢ τὸ ἔμπαλιν ὕλῃ τεχνίτην. τὸ δὲ σπέρμα καὶ θήλεων καὶ ἀρσένων ὅσον ἐπ' αὐτῷ παρεκτικὸν ἀποσπαρὲν ἀδιάκριτόν τε τὴν ἀμφοῖν φύσιν παρέχει κἂν τῇ μέχρι τινὸς κινήσει, βρεφοῦσθαι δὲ ἀρχόμενον ἢ φυτοῦσθαι διάλλαξιν λοιπὸν ἐπὶ θάτερον καὶ ἐνάλλαξιν ἐπιδέχεται, μετιὸν ἀπὸ δυνάμεως εἰς ἐνέργειαν. εἰ δὲ δύναμις παντὸς ἀριθμοῦ ἐν μονάδι, νοητὸς ἂν κυρίως ἀριθμὸς εἴη μονάς, οὔπω τι ἐνεργὸν ἀποφαίνουσα ἀλλὰ πανθ' ὁμοῦ κατ' ἐπίνοιαν. κατὰ δέ τι σημαινόμενον καὶ ὕλην αὐτὴν καλοῦσι καὶ πανδοχέα γε, ὡς παρεκτικὴν οὖσαν καὶ δυάδος τῆς κυρίως ὕλης καὶ πάντων χωρητικὴν λόγων, εἴ γε πᾶσι παρεκτικὴ καὶ μεταδοτικὴ τυγχάνει. ὡσαύτως δὲ χάος αὐτήν φασι τὸ παρ' Ἡσιόδῳ πρωτόγονον, ἐξ οὗ τὰ λοιπὰ ὡς ἐκ μονάδος. ἡ αὐτὴ σύγχυσίς τε καὶ σύγκρασις ἀλαμπία τε καὶ σκοτωδία στερήσει διαρθρώσεως καὶ διακρίσεως τῶν ἑξῆς ἁπάντων ἐπινοεῖται.

Ὅτι Ἀνατόλιος γονὴν αὐτήν φησι καλεῖσθαι καὶ ὕλην, ὡς ἄνευ αὐτῆς μὴ ὄντος μηδενὸς ἀριθμοῦ· ὅτι τὸ τῆς μονάδος σημαντικὸν χάραγμα σύμβολόν ἐστι τῆς τῶν ὅλων ἀρχικωτά-

---

13 sqq. ὕλην, πανδοχέα, χωρητικήν Ph.   16 χάος Ph. Lyd. IV 2. Orph. fr. 37. 38. 52 Ἡσιόδῳ Theog. 116 17 sq. σύγχυσις ... σκοτωδία Ph.   20 Ἀνατόλιος p. 29, 14 cf. Macr. I 6, 7 etc.

---

1 ἄλυτον xp εὔλυτον AE Pistelli λυτὸν Ast   2 περιττὴν MLNFPp Ast περιτὴν B περισσὴν AE   4 διφορηθεῖσα MAE Pistelli διαφορηθεῖσα LNBFPp Ast   γὰρ om. B   5 ὕλῃ] ὕλην F   6 ἀρρένων xp Ast ἀρσένων AE   7 ἀδιάκριτόντες F   τὴν AE καὶ xp Ast   8 ἀρχομένων F   9 ἐπιδέχεσθαι p   μετιών NF ead. m. corr.   10 ἤ cp εἰ corr. Ast   11 μονάδει Pp   14 κυρίαν p   15 χορητικὴν Pp   17 ταλοιπὰ P   ἐν ᾗ cp ἡ αὐτὴ corr. Ast   18 ἔγκρασις cp σύγκρασις corr. Meurs. Ast cf. Ph.   22 sq. ἀρχῆς ex ἀρχικ. alt. m. corr. E

της, καὶ τὴν πρὸς τὸν ἥλιον κοινωνίαν ἐμφαίνει διὰ τῆς συγκεφαλαιώσεως τοῦ ὀνόματος αὐτῆς· συναριθμηθὲν γὰρ τὸ μονὰς ὄνομα τξα' ἀποδίδωσιν, ἅπερ ζωδιακοῦ κύκλου μοῖραί εἰσιν. ὅτι τὴν μονάδα ἐκάλουν οἱ Πυθαγόρειοι νοῦν, εἰκάζον-
5 τες τῷ ἑνί· ἐν ἀρεταῖς γὰρ εἴκαζον αὐτὴν φρονήσει· τὸ γὰρ ὀρθὸν ἕν. ἐκάλουν δὲ αὐτὴν οὐσίαν, αἴτιον ἀληθείας, ἁπλοῦν, παράδειγμα, τάξιν, συμφωνίαν, ἐν μείζονι καὶ ἐλάσσονι τὸ ἴσον, ἐν ἐπιτάσει καὶ ἀνέσει τὸ μέσον, ἐν πλήθει τὸ μέτριον, ἐν χρόνῳ τὸν νῦν ἐνεστῶτα·
10 ἔτι δὲ καὶ ναῦν, ἅρμα, φίλον, ζωήν, εὐδαιμονίαν.

7 πρὸς | τούτοις φασὶ περὶ τὸ μέσον τῶν τεσσάρων στοιχείων κεῖσθαί τινα ἑναδικὸν διάπυρον κύβον, οὗ τὴν μεσότητα τῆς θέσεως καὶ Ὅμηρον εἰδέναι λέγοντα· 'τόσσον ἔνερθ᾽ Ἄϊδος, ὅσον οὐρανός ἐστ᾽ ἀπὸ γαίης'. ἐοίκασι δὲ κατά γε ταῦτα
15 κατηκολουθηκέναι τοῖς Πυθαγορείοις οἵ τε περὶ Ἐμπεδοκλέα καὶ Παρμενίδην καὶ σχεδὸν οἱ πλεῖστοι τῶν πάλαι σοφῶν, φάμενοι τὴν μοναδικὴν φύσιν Ἑστίας τρόπον ἐν μέσῳ ἱδρῦσθαι, καὶ διὰ τὸ ἰσόρροπον φυλάσσειν τὴν αὐτὴν ἕδραν, καὶ δὴ Εὐριπίδης, ὡς Ἀναξαγόρου γενόμενος μαθητὴς οὕτω τῆς γῆς μέμνη-
20 ται· ''Ἑστίαν δέ σ᾽ οἱ σοφοὶ βροτῶν νομίζουσιν'. ἔτι

4—p. 7, 3 = An. p. 29, 19 sq. 22 sq.—p. 30. 16   7 συμφωνίαν Mart. Cap. VII 731. Isidor. Migne PL 83, 180   8 ἴσον Lyd. II 4   10 φίλον Mart. Cap. Isidor.   13 Hom. Θ 16   17 sq. cf. Philol. A 16. B 7. Plut. v. Numae 11, 1   20 Eurip. fr. 938 N² (Macr. sat. I 23, 8). Anax. A 20ᵇ Diels

1 τὴν ex τῆς alt. m. corr. P   4 μονάδος κάλουν F πυθαγόριοι xp πυθαγόρειοι AE   5 φρωνήσει F   6 τὴν xAp ᵃᵘτὴν E ead. m. corr. αὐτὴν Ast αἰτίαν, ἀληθές An.   7 συμφωνίας cpAst συμφωνίαν scripsi cll. An. et Mart. Cap.   8 ἐνεπιτάσει P   καὶ ἀνέσει om. E   9 νῦν τὸν xp τὸ νῦν τὸν E ead. m. corr. τὸν νῦν Ast   10 καὶ om. AE   φίλον LBNF   12 διάπειρον ENF   13 θέας xp Meurs. θεᾶς ⟨Ἑστίας⟩ Ast in adn. θέσεως AE An. Del. p. 177 ἐπιδέναι A   τόσον NFAn.   14 ὅσσον ΒΕ   ἀπογαίης P   15 πυθαγορίοις BPp   17 τρόπω Ε ἱδρύσθαι xApAstAn. ἱδρύεσθαι Ε ἱδρῦσθαι scripsi   18 διὰ τοῦτο Meurs.   19 ὃς yA Pistelli ὡς EPpAn.AstDiels   20 σε c Nauck γε pAstDiels σ᾽ scripsi

φασὶν οἱ Πυθαγόρειοι καὶ τὸ ὀρθογώνιον τρίγωνον ὑπὸ Πυθαγόρου τὴν σύστασιν λαβεῖν διὰ μονάδος κατιδόντος τοὺς ἐν αὐτῷ ἀριθμούς. ἔτι τὴν ὕλην τῇ δυάδι προσαρμόττουσιν οἱ Πυθαγορικοί· ἑτερότητος γὰρ ἐκείνη μὲν ἐν φύσει, δυὰς δὲ ἐν ἀριθμῷ κατάρχει, καὶ ὡς ἐκείνη ἀόριστος καθ' αὑτὴν καὶ ἀσχημάτιστος, οὕτω μονωτάτη ἁπάντων ἀριθμῶν δυὰς σχήματος οὐκ ἔστιν ἐπιδεκτική· μήτι γὰρ καὶ διὰ τοῦτο δύναται ἀόριστος ἡ δυὰς κεκλῆσθαι· ὑπὸ γὰρ ἐλαχίστων καὶ πρώτων τριῶν γωνιῶν ἢ καὶ εὐθειῶν σχῆμα κατ' ἐνέργειαν περιέχεται, κατὰ δύναμιν δὲ ἡ μονάς. οὐκ ἀπιθάνως δὲ καὶ Πρωτέα προσηγόρευον αὐτὴν τὸν ἐν Αἰγύπτῳ πάμμορφον ἥρωα τὰ πάντων ἰδιώματα περιέχοντα, ὡς ἐκείνη τὸ ἑκάστου ἀριθμοῦ συνέργημα.

περὶ δυάδος. Ἀνατολίου. II

Ὅτι ἡ δυὰς συντεθεῖσα ἴσα δύναται τῷ ἀπ' αὐτῆς γινομένῳ· ἡ γὰρ σύνθεσις ταύτης καὶ ὁ πολλαπλασιασμὸς τοῦτο αὐτὸ ποιεῖ [ἤγουν τὸν δ´], καίτοι ἐπὶ τῶν ἄλλων ὁ πολλαπλασιασμὸς τῆς συνθέσεως μείζων. εἴκαζον δὲ αὐτὴν ἐν ἀρεταῖς ἀνδρείᾳ· προβέβηκε γὰρ ἤδη ἐπὶ πρᾶξιν· διὸ καὶ τόλμαν

---

1 τρίγωνον cf. Theo p. 37,16 sq. 18—p. 8, 4 = An. p. 30, 20 sqq. cf. Lyd. II 9 19 τόλμαν Ph. Lyd. II 7. Plut. de Is. 381 F

1 πυθαγόριοι NFPp 2 μονάδα E κατειδόντος LNFBP κατιδόντος ex κατειδόντος ead. m. corr. M 3 διάδι ML 3 sq. πυθαγόρειοι in marg. γρ. πυθαγορικοί B 4 ἑτερότητος E μὲν ante γὰρ transp. p Fabricius (ad Sext. pyrrh. hyp. III 153) 5 ἀόριστος F αὐτὸ E 6 αἰσχημάτιστος p οὕτως E ἀπασῶν MLNBPp Fabricius ἀπασῶν F ἐκ πασῶν AE ἀπάντων Ast 7 διατοῦτο AEP 8 ἡ om. E 9 ἡ A 10 προτέα Pp 11 αἰγυπτωμάμορφον F μάμμορφον N 12 περιέχουσαν cp Ast corr. Del. p. 177 sq. καὶ ante ὡς add. Ast in adn. ἐκεῖνος cp Ast corr. Del. 13 σύνεργμα Ast in adn. 14 om. B περὶ δυάδος om. E ἀνατολίου περὶ δυάδος MLNFPp Ast transp. A ὠπολυπλασιασμῶ
15 ἴσα AE 15 sq. γινομ/ E alt. m. suprscr.
17 ἤγουν τὸν δ´ glossema arbitror: om. An. 18 εἴκασον p
19 ἀνδρία BEAn προβέβηκεν p διὰ p

8 IAMBLICHI

8 ἑκά|λουν καὶ ὁρμήν. καὶ δόξαν δὲ ὠνόμαζον, ὅτι τὸ ἀληθὲς
καὶ τὸ ψεῦδος ἐν δόξῃ. ὠνόμαζον δὲ αὐτὴν κίνησιν, γένε-
σιν, μεταβολήν, διαίρεσιν, μῆκος, αὔξησιν, σύνθε-
σιν, κοινωνίαν, τὸ πρός τι, λόγον τὸν ἐν ἀναλογίᾳ·
5 δύο γὰρ ἀριθμῶν σχέσις πανσχήμων ἐστίν· ἀπολείπεται δὴ
μόνη σχήματος ἄμοιρος καὶ ἐν τρισὶν ὅροις καὶ ἐν ἀναλογίᾳ
ὁρισμοῦ τινος ἡ δυὰς ὑπάρχουσα ἀντίξους τε καὶ ἐναντιωτάτη
παρὰ πάντας τοὺς ἐν ἀριθμῷ ὅρους τῇ μονάδι, ὡς ὕλη θεῷ
καὶ σῶμα ἀσωμάτῳ, ἀρχή τε καὶ πυθμὴν ὡσανεὶ τῆς τοῦ
10 ἀριθμοῦ ἑτεροειδείας κατ' εἰκόνα ὕλης, ἀντιδιαστελλομένη παρα-
πλησίως τῇ τοῦ θεοῦ φύσει κατὰ τὸ αὐτὴν μὲν τῆς μεταπτώ-
σεως καὶ μεταβολῆς ἐμποιητικὴν τοῖς οὖσι νομίζεσθαι, τὸν δὲ
θεὸν ταυτότητος καὶ ἀμεταπτώτου διαμονῆς. ἓν μὲν οὖν ἕκα-
στόν τι καὶ ὁ κόσμος κατὰ τὴν ἐν αὐτῷ φυσικὴν καὶ συστη-
15 ματικὴν μονάδα, διαιρετὸν δὲ πάλιν ἕκαστον, καθ' ὅσον
ἀναγκαίως καὶ ὑλικῆς δυάδος μετέσχε· διόπερ ἡ πρώτη σύν-
οδος αὐτῶν πρῶτον ὡρισμένον πλῆθος ἀπετέλεσε, στοιχεῖον τῶν
ὄντων, ὃ ἂν εἴη τρίγωνον μεγεθῶν τε καὶ ἀριθμῶν σωματικῶν
τε καὶ ἀσωμάτων· ὡς γὰρ ὁ ὀπὸς τὸ κεχυμένον γάλα συστρέφει
20 κατὰ τὸ ποιητικόν τε καὶ ἐργατικὸν ἰδίωμα, οὕτως ἡ ἑνωτικὴ
δύναμις τῆς μονάδος προσελθοῦσα τῇ δυάδι, εὐπορίας καὶ

1sq. ὁρμήν ... δόξῃ cf. Lyd. l. l.   δόξαν ... κίνησιν Alex.
Aphr. p. 39, 16. Del. p. 167, 5   2sqq. cf. Theo p. 100, 9sqq.
Mart. Cap. VII 732. Del. l. l.   4 κοινωνίαν Isidor. Migne PL
83, 181   16sqq. cf. Theo p. 37, 19sq. Lyd. II 8. Del. p. 168, 1
21sq. cf. Lyd. IV 64

---

4 ἐν om. pAst   ἐναλογία MLP   5 σχέσεις LBNF   10 ἀντι-
διαστελλομένης mavult Ast   11 τοῦ om. B   καθα⟨υ⟩τὴν E
littera υ tineis pessumdata   12 οὖσιν F   14 τι om. F   καὶ
καὶ ἐν μὲν
ὁ κόσμος xA καὶ ὁ κόσμος   E (καὶ ἐν μὲν alt. m.
suprscr.) ἐν κόσμῳ pAst καὶ alt.] κατὰ τὴν E   14sq. συστατικὴν
B   15 καθόσον AMLP   16 ἀναγκαίου pAst   17 ἀπετέλεσεν x
στοιχείων NF   18 τριγώνων perperam mavult Ast: cf. enim
Lyd., Philo de vita Mos. III 4 etc.   19 ὁ ὀπὸς] ὅσ' πρὸς F
20 ἐργαστικὸν pAst   21 προσελθοῦσα yA Pistelli προελθοῦσα
PpAst[E]

THEOLOGOUMENA ARITHMETICAE   9

χύσεως ούση πηγή, πέρας ἐνεποίησεν, εἶδος δέ, ὅπερ ἐστὶν
ἀριθμός, τῇ τριάδι· ἀρχὴ γὰρ κατ' ἐνέργειαν ἀριθμοῦ αὕτη,
μονάδων συστήμασιν ὁριζομένου. μονὰς δὲ τρόπον τινὰ καὶ ἡ
δυὰς διὰ τὸ ἀρχοειδές. ὅτι δυὰς λέγεται παρὰ τὸ διιέναι καὶ
διαπορεύεσθαι· πρώτη γὰρ ἡ δυὰς διεχώρισεν αὐτὴν ἐκ τῆς 5
μονάδος, ὅθεν καὶ τόλμα καλεῖται· τῆς γὰρ μονάδος ἕνωσιν
δηλούσης, ἡ δυὰς ὑπεισελθοῦσα διαχωρισμὸν δηλοῖ. ὅτι καὶ
τῆς πρός τί πως σχέσεως αὐτὴ κατάρχει ἢ τῷ πρὸς τὴν μονάδα
λόγῳ, ὅς | ἐστι διπλάσιος, ἢ τῷ πρὸς τὴν μετ' αὐτήν, ὅς ἐστιν 9
ἡμιόλιος· ῥίζα δ' οὗτοι τῶν ἐφ' ἑκάτερα ἀπείρως προιόντων 10
λόγων, ὥστε καὶ τῇ τῶν πολλαπλασίων τε καὶ ἐπιμορίων ἡ
αὐτή ἐστιν. ὅτι καὶ ἡ δυὰς στοιχεῖον τῆς τῶν ὅλων συστά-
σεως, ἀντίξουν μονάδι καὶ διὰ τοῦτο ἁρμονίᾳ ὑποπεσὸν
πρὸς αὐτήν, ὡς ὕλη τις πρὸς εἶδος· ὅθεν ἐπεὶ τοῦ μὲν εἶναι
καὶ ἀεὶ εἶναι τὸ εἶδος συλληπτικόν, τῶν δὲ ἐναντίων ἡ ὕλη, 15
τῶν μὲν πάντῃ ὁμοίων καὶ ταὐτῶν καὶ μονίμων, ὅ ἐστι τε-
τραγώνων, ἡ μονὰς αἰτία, οὐ μόνον, ἐπειδὴ ὡς γνώμονι αὐτῇ
περιτιθέμενοι οἱ ἑξῆς ἀριθμοὶ περιττοί, εἰδοποιήματα αὐτῆς
ὄντες, τετραγώνους ἀπετέλουν τῇ σωρηδὸν προβάσει ἀεὶ καὶ
μᾶλλον τοὺς ἐπ' ἄπειρον καὶ ἑξῆς προιόντας ἀλλ' ὅτι καὶ 20
ἑκάστη πλευρά, ὥσπερ καμπτὴρ ἀπὸ ὕσπληγος μονάδος εἴς τε
νύσσαν μονάδα, πάλιν εἶχε τῆς προόδου καὶ ἐπανόδου τὴν
σύνθεσιν ἀφ' ἑαυτῆς αὐτὸν τὸν τετράγωνον· τῶν δὲ πάντῃ

---

1 εἶδος cf. Lyd. II 8   4—7 = Del. p. 172, 9 sqq.   14 εἶδος
cf. Iambl. p. 77, 23   16 μονίμων cf. Lyd. II 4. Philo de op. m. 33

---

1 χύσεως yAE λύσεως PpAst   2 ἐνεργείας p   3 συστή-
ματι mavult Ast fort. recte: cf. enim infra p. 17, 14 sq.   5 διε-
χώρησεν BPp   αὐτὴν BPFp   9 διπλάσιαι LNFB   τὴν] τὸν
Ast   10 δὲ οὗτος pAst   11 τῇ et 12 αὐτή secl. atque ἀρχή
post αὐτή add. Ast in adn.   13 διατοῦτο AENB   ἐπιμονία xpA
ἁρμονία E ἐπιμονῇ Ast   14 ἐπεὶ] ἐπὶ NF   16 πάντι F   καὶ
μονίμων yAEPistelli κομωνίμων P κόμωνύμων p χόμωνύμων
Ast   17 μόνων L   20 προσιόντας E   21 πλευρᾷ P ὕσπληγος
xEp ὕσπληγγος AAst; cf. Iambl. p. 75, 27. 76, 3 etc.   τῆς ante
μονάδος add. E ab alt. m.   τε] δὲ c, correxi   22 νίσσαν F
εἶχες F

ἀνομοίων, ὅ ἐστιν ἑτερομήκων, ἡ δυὰς πάλιν αἰτία, οὐ μόνον ὅτι περιτιθεμένων αὐτῇ ὡς γνώμονι τῶν κατ᾽ αὐτὴν εἰδῶν εἰδοποιηθέντων ἀρτίων καὶ οὗτοι σωρηδὸν ἀποτελοῦνται, ἀλλὰ καὶ ὅτι ἐν τῇ αὐτῇ τοῦ καμπτῆρός τε καὶ νύσσης καὶ ὕσπλη-
5 γος εἰκόνι τὴν μὲν γένναν ὁμοίως ἡ μονὰς παρέχειν φαίνεται, ὡς τοῦ ταὐτοῦ καὶ ἁπλῶς διαμονῆς αἰτία, τὴν δὲ φθορὰν καὶ ἐπάνοδον παρηλλαγμένως πρὸς τοὺς προτέρους ἡ δυὰς ἀναδέχεσθαι, ὡς ὑλική τις ὑπόστασις καὶ φθορᾶς πάσης ἀναδεκτική. ὅτι νοουμένου πλήθους κατὰ τριάδα τοῦ δ᾽ ἀντιθεμένου τῷ
10 πλήθει κατὰ τὴν μονάδα μεταίχμιον ἡ δυὰς ἂν εἴη. διὰ τοῦτο καὶ τὰ ἀμφοτέρων ἰδιώματα ἅμα ἔχει· τοῦ μὲν γὰρ ἑνὸς ὡσανεὶ ἀρχῆς ἰδίωμα τὸ κατὰ σύνθεσιν πλεῖόν τι ποιεῖν τοῦ κατ᾽ ἔγκρασιν· ἓν γοῦν καὶ ἓν πλέον τοῦ ἅπαξ ἕν· τοῦ δὲ πλήθους ὡσανεὶ ἀποτελέσματος πάλιν ἴδιον τὸ ἐναντίον· ἐκ μὲν γὰρ
15 κατακράσεως πλεῖον ποιεῖ, ἐκ δὲ παραθέσεως ἔλαττον· οὐκέτι
10 γὰρ ἀρχοειδὲς τοῦτο, ἀλλ᾽ ἐξ ἀλλήλων λοιπὸν ἡ γέννησις αὐτοῖς καὶ κατὰ κρᾶσιν· τοιγαροῦν τρὶς τρία πλεῖον τῶν τρία καὶ τρία· ἐναντιοπαθούντων δὲ ἀμφοῖν, ἡ δυὰς ὡσανεὶ μέση οὖσα καὶ τὰ ἀμφοῖν ἅμα ἀναδέξεται ἰδιώματα, τὴν ἑκατέρων
20 μεσότητα λαμβάνουσα. μέσον γὰρ μείζονος καὶ ἐλάσσονος εἴπομεν εἶναι τὸ ἴσον· τὸ ἴσον ἄρα ἐν μόνῃ ταύτῃ· διὰ τοῦτο ἔσται τὸ ἐκ κατακράσεως τῷ ἐκ παραθέσεως ἴσον· δύο γὰρ καὶ

---

1 ἀνομοίων Ph. Lyd. II 7   4 sqq. cf. Iambl. p. 75, 26 sqq.
6 φθοράν cf. Lyd. IV 64   9 sq. cf. Ph. μεταίχμιον πλήθους καὶ μονάδος   11 sqq. cf. Iambl. p. 81, 15 sqq.   22 sq. = Ph.

2 καθ᾽ αὐτὴν y AE   3 σορηδὸν P   4 καπτῆρος P   4 sq. ὕσπληγος A Ast   5 παρέχειν ἡ μονὰς x p Ast transp. AE (τῃ μονάδι alt. m. E)   6 τε post τοῦ add. p Ast   8 ἀναδεκτικήν NF   9 fort. κατὰ ⟨τὴν⟩ τριάδα   δὲ F   δ᾽ ἀντὶ θεωμένου p τ᾽ ἀντιθεωμένου Ast   10 μετέχμιον ἡ μονὰς NF   διατοῦτο AE   11 καὶ post ἑνὸς add. E   12 ἰδιώματα LBNF   12 sq. κατέγκρασιν MLP   14 ἀπὸ τελέσματος p   15 ἐγκράσεως x Ap Ast κατὰ κράσεως E   16 ἀλλὰ ἐξ ἀλλήλων. Λοιπὸν Pp Ast   γένεσις NF   17 κράσιν x κράσεως E   κατακράσεως A   19 οὖσα abesse malim cf. supra vv. 11 sq. 14   20 λαμβάνουσαν p   21 τὸ ἴσον semel F   διατοῦτο AEBN   22 κατὰ κράσεως F   κακακράσεως p

THEOLOGOUMENA ARITHMETICAE 11

δύο ἴσα τῷ δὶς δύο· ἔνϑεν ἴσην αὐτὴν ἐπεκάλουν. ὅτι δὲ εἰδοποιὸς τοῦ τοιούτου καὶ τοῖς προσήκουσιν αὐτῇ πᾶσι, δῆλον οὐ μόνον, ἐξ ὧν ἐνεργείᾳ ἰσότητος πρώτη ἔμφασιν παρέσχεν ἐπιπέδως τε καὶ στερεῶς ἔν τε τῷ δύο μήκους τε καὶ πλάτους καὶ ἐν τῷ ὀκτὼ πρὸς τούτοις βάϑους τε καὶ ὕψους, ἐν αὐτῇ 5 τῇ διαιρέσει εἰς δύο μονάδας οὔσῃ ἀλλήλαις ἴσας, ἀλλὰ καὶ ἐν τῷ λεγομένῳ ἀπ' αὐτῆς ἐξελίκτῳ, τουτέστι τῷ ιϛ´, ὄντι δὶς δύο δὶς καὶ τοῦτο δίς, τῆς ἀπ' αὐτῆς λεγομένης χροιᾶς ἐπιπέδου ὑπάρχοντος· τετράκις γὰρ τέσσαρα· καὶ οὕτως μεσότης τις τρόπον τινὰ ὁρᾶται πλείονος καὶ ἐλάττονος κατὰ τὰ αὐτὰ 10 τῇ δυάδι· οἱ μὲν γὰρ πρὸ αὐτοῦ τετράγωνοι πλείονας ἔχουσι τὰς περιμέτρους τῶν ἐμβαδῶν, οἱ δὲ μετ' αὐτὸν ἀντικειμένως ἐλάττονας, οὗτος δὲ μονώτατος ἴσας. διὰ τοῦτο φαίνεται καὶ Πλάτων ἐν τῷ Θεαιτήτῳ μέχρι αὐτοῦ προελϑὼν παύεσϑαί πως ἐν τῇ ἑπτακαιδεκάποδι πρὸς ἔμφασιν τοῦ κατὰ τὸν ἑπτα- 15 καίδεκα ἰδιώματος καὶ ἰσότητός τινος μεϑεκτοῦ. τί οὖν ὁρῶντες οἱ παλαιοὶ ἄνισον τὴν δυάδα ἐκάλουν καὶ ἔλλειψιν καὶ πλεονασμόν; κατὰ τὴν τῆς ὕλης ἔννοιαν, εἰ δηλονότι ἐν αὐτῇ πρώτῃ ἀπόστασίς τε καὶ πλευρᾶς ἔννοια ὤφϑη, διαφορᾶς ἤδη καὶ ἀνισότητος ἀρχή· καὶ ἄλλως δὲ ὅτι μέχρι μὲν αὐτῆς 20 ἡ ἀντεξέτασις πλείων τοῦ πρὸ αὐτῆς, μέχρι δὲ τετράδος ἐλατ-

---

14 Plato Theaet. 147 D   17 sq. cf. Ph. Iambl. p. 78, 7 sq. Lyd. II 7

---

2 προσήκνον B   αὐτῷ xpAst αὐτῇ AE   3—5 ἐξ ὧν ... ὕψους fort. legenda per parenthesim: cod. par. 1940 Del. p. 176
3 ἐνέργεια p   5 τε om. EpAst   6 οὐ δι' ἀλλήλων οὔσας xpAst οὔσῃ ἀλλήλαις ἴσας AE   7 ἐξελικτῶ P ἐξελέκτω p ἐκλεκτῶ Ast   ιϛ´] δεκάτω ἕκτω B   8 δὶς (ante τῆς) cp διὰ perperam Ast   9 ὑπάρχοντι pAst   οὕτω B οὗτος E   13 οὗτος L οὕτως pAst   δὲ] δὴ Ast   μονότατος E   ἴσος xpAst ἴσος A ἴσας E   διατοῦτο AE   15 πω pAst   15sq. ἑπτὰ καὶ δέκα PpAst   16 μυϑεκτοῦ LNF μυϑεκτικοῦ B   18 κατὰ bis E εὔνοιαν B   ἦ cp εἰ Ast in adn.   19 αὐτῷ xpAst αὐτῇ AE
πρώτῃ? εὔνοια B   19 sq. ἤδη διαφορᾶς ἤδη E alt. m. corr.
21 πλεῖον Fp

των τῶν πρὸ αὐτῆς· ἀνὰ μέσον δὲ ἀμφοῖν τῆς τριάδος οὔσης, συμβήσεται πάλιν ἑτέρῳ τρόπῳ ὁ τῆς ἰσότη|τος λόγος ἐν τριάδι πρὸς τοὺς πρὸ αὐτῆς· ὁ δύο μὲν γὰρ μείζων τοῦ προκειμένου, λέγω δὲ τοῦ ἕν, [καὶ] κατὰ τὴν πυθμενικωτάτην γε τοῦ μείζο-
5 νος σχέσιν, ὁ δ᾽ δὲ ἐλάττων τοῦ γ΄ β΄ α΄ κατὰ τὴν πυθμενικωτάτην γε τοῦ ἐλάττονος σχέσιν, τρία δὲ ἴσα τῷ δύο ἓν κατὰ τὴν ἄσχιστόν γε ἰσότητα, ὥστε ἐν μὲν αὐτῇ ὡς πλευρᾷ τὸ πλεῖον, ἐν δὲ τῇ δυνάμει αὐτῆς ὡς ἐπιπέδῳ τὸ ἔλαττον ἐφαρμόζεσθαι. *ἔλλειψις* δὲ καὶ *πλεονασμὸς* λέγεται καὶ *ὕλη*,
10 ἣν καὶ *ἀόριστον* δυάδα ὁμωνύμως ταύτῃ καλοῦσι διὰ τὸ μορφῆς καὶ εἴδους καὶ ὁρισμοῦ τινος ἐστερῆσθαι ὅσον ἐφ᾽ ἑαυτῇ, οἷόν τε δὲ διορισθῆναί τε καὶ ὁρισθῆναι ὑπὸ λόγου καὶ τέχνης. ὅτι ἡ δυὰς φαίνεται *ἀσχημάτιστος*, εἴπερ ἀπὸ μὲν τριγώνου καὶ τριάδος τὰ ἐπ᾽ ἄπειρον πολύγωνα ἐνεργείᾳ προχωρεῖ, ἐκ
15 δὲ μονάδος πάνθ᾽ ὁμοῦ κατὰ δύναμιν ὑπάρχει, ὑπὸ δὲ δύο οὔτε εὐθειῶν ποτε οὔτε γωνιῶν εὐθύγραμμον συνίσταται σχῆμα· κατὰ μόνην ἄρα αὐτὴν τὸ ἀόριστον καὶ ἀσχημάτιστον. ὅτι δὲ καὶ τὸ *ἄπειρον* φαίνεται, εἴγε καὶ τὸ ἕτερον, τοῦτο δὲ ἀπὸ τοῦ παρ᾽ ἓν ἀρξάμενον εἰς ἄπειρον ἐκπίπτει. δύναται δὲ καὶ
20 ἀπείρου παρεκτικὴ λέγεσθαι, ὅτι μήκους πρώτη ἔμφασις ἐν δυάδι, ὡς ἀπὸ σημείου τῆς μονάδος, ἐπ᾽ ἄπειρον δὲ τοῦτο καὶ διαιρεῖται καὶ αὔξεται· καὶ μὴν καὶ ἡ τῆς ἀνισότητος φύσις ἐπ᾽ ἄπειρον προϊέναι μέλλουσα ἀπ᾽ αὐτῆς ἄρχεται, ἐναν-

---

9 ὕλη Ph. Lyd. I 11. II 7. III 5. 10. Mart. Cap. VII 733. Iambl. p. 77, 25. 86, 27. Theo p. 100, 10. Philo leg. all. I 2 etc. 10 ἀόριστον Ph. Theo p. 22, 15. Iambl. p. 61, 21. 83, 4. Lyd. II 7. IV 64 etc. 13 sqq. cf. Iambl. p. 61, 19 sqq. ἀσχημάτιστος Ph. 18 ἄπειρον Ph. Lyd. II 7

1 τῶν] τῆς LBNF ἀναμέσον MLFPA ἀνὰ μέσον E ἀναμέσον NBpAst 2 λόγον A λόγου M 3 μείζω x 4 δὴ E καὶ seclusi γε] τε B 5 ἐλάττωνος P 6 τρίτα x τρία AEp Ast ἴσα AE 7 πλευρὰ xp τῷ B 8 ἐπιπε^{δ/} NF ἐπιπέδου B 10 καλοῦσιν AMLBP 12 δὲ om. Meurs. ὑπολόγου P 15 ἀπὸ NF 16 ὄντες εὐθυνῶν p ὄντες εὐθειῶν Meurs. οὔτε (ante γωνιῶν)] οὐδὲ pAst εἴτε Meurs. 17 ὅτι] ἔτι Meurs. 18 καὶ alt. om. E 23 μέλλουσα ex μέλουσα alt. m. corr. P

τιοζύγως τῇ μονάδι· μείζων γὰρ καὶ ἐλάττων ἡ πρώτη διαίρεσις αὐτῶν. οὐκ ἀριθμὸς δὲ ἡ δυὰς οὐδὲ ἄρτιος ὅτι μὴ ἐνεργείᾳ· ἀμέλει πᾶς ἄρτιος καὶ εἰς ἴσα καὶ εἰς ἄνισα δύναται ὁ αὐτὸς μερίζεσθαι, μόνη δὲ ἡ δυὰς εἰς ἄνισα οὐκ ἂν μερισθείη, καὶ εἰς ἴσα δὲ μερισθεῖσα ἄδηλον ὁποτέρου γένους ἄντικρυς αὐτὰ ἕξει, ὡς ἀρχοειδής τις οὖσα. ὅτι ἡ δυὰς καὶ Ἐρατώ, φασί, καλεῖται· τὴν γὰρ τῆς μονάδος ὡς εἴδους πρόσοδον δι' ἔρωτα ἐπισπωμένη, τὰ λοιπὰ ἀποτελέσματα γεννᾷ, ἀρξαμένη ἀπὸ τριάδος καὶ τετράδος. ὠνο|μάσθαι δὲ αὐτὴν οἴονται παρ' 12 αὐτὴν τὴν τόλμησιν, ὅτι ἄρα ὑπέμεινε τὸν χωρισμὸν πρωτίστη, δύη τε ⟨καὶ⟩ ὑπομονὴ καὶ τλημοσύνη· ἀπὸ δὲ τῆς εἰς δύο τομῆς δίκη τε, οἱονεὶ δίχη, καὶ Ἶσις, οὐ μόνον ὅτι ἴσον ἐν αὐτῇ τὸ ἀπὸ κατακράσεως, ὡς ἔφαμεν, τῷ ἀπὸ συνθέσεως, ἀλλὰ καὶ ὅτι οὐδὲ τὴν εἰς ἄνισα μονωτάτη διαίρεσιν ἐγχωρεῖ. καὶ φύσιν δὲ αὐτὴν καλοῦσι· κίνησις γὰρ εἰς τὸ εἶναί ἐστιν αὕτη καὶ οἷον γένεσίς τις ἀπὸ λόγου σπερματικοῦ ⟨καὶ⟩ ἔκτασις, τετευχυῖα παρὰ τὸ τοιοῦτον τῆς ὀνομασίας, παρ' ὅσον ἐστὶ κίνησίς τις ἀφ' ἑτέρου εἰς ἕτερον κατ' εἰκόνα τῆς δυάδος. ὑπὸ μέντοι τῶν ἀριθμητῶν ἤδη καὶ δευτέρων παραλογιζόμενοί τινες ἐπινοεῖν διδάσκονται τὴν δυάδα δύο τινῶν μονάδων σύστημα εἶναι, ὥστε καὶ λυομένην εἰς τὰς αὐτὰς ἀνατρέχειν μονάδας· ἀλλ' εἴτε σύστημα μονάδων ἡ δυάς, προγενέστεραι

---

2 οὐδὲ ἄρτιος Ph. Iambl. p. 15. 11   6 Ἐρατώ Ph.   11 δύη, ὑπομ., τλημοσ. Ph.   12 δίκη Ph. Mart. Cap. VII 732 etc. Ἶσις Ph. Iambl. p. 13, 12.   Lyd. IV 30 etc.   15 φύσιν Ph. Lyd. IV 7

1 γὰρ E δὲ xApAst   3 utrob. εἰς ΑΕ om. xpAst   3 et 5 ἴσα ΑΕ   5 δὲ om. PpAst   5 sq. ἄντικρυς solus E praebet 7 sq. διέρωτα Ε   9 οἴσηται Pp   10 πρώτη Meurs.   11 δὲ cp τε ⟨καὶ⟩ Ast   12 καὶ om. E   ἴσον ΑΕΝF   13 κατὰ κράσεως Ερ   14 ἐγχορεῖ p   16 αὐτὴ PpAst   ἀπολόγου B σπερματικὴ xp σπερματικοῦ ΑΕAst   καὶ add. Ast   16 sq. ἔκστασις Ν ead. m. corr.   17 τελευχυῖα p   παρόσον ΑΕΜLΒP   18 τις ΑΕ om. xpAst   19 ὕπο F   ἀριθμητικῶν Ast   δεύτερον PpAst 20 διδάσκοντες LBNF   μονάδα xA in marg. ἴσως τὴν δυάδα p δυάδα EAst   22 προγ. ex προγενέστερας alt. m. corr. P

Iamblichus ed. de Falco

14   IAMBLICHI

αἱ μονάδες, εἴτε ἥμισυ δυάδος ἡ μονάς, προϋπάρχειν δεῖ τὴν
δυάδα, εἴτε σώζοιντο αὐταῖς αἱ πρὸς ἀλλήλας σχέσεις, συνυ-
πάρχειν ἀναγκαῖον, καθὸ διπλάσιον ἡμίσους καὶ ἥμισυ δι-
πλασίου, καὶ οὔτε προτέρα οὔθ' ὑστέρα διὰ τὸ συνεπιφέρειν
5 τε καὶ συνεπιφέρεσθαι καὶ συναναιρεῖν καὶ συναναιρεῖσθαι.
ὅτι καὶ διομήτορα ταύτην ὠνόμαζον ὡς Διὸς μητέρα —
Δία δ' ἔλεγον τὴν μονάδα — καὶ Ῥέαν ἀπὸ τῆς ῥύσεως καὶ
ἀπὸ τῆς τάσεως, ὅπερ οἰκεῖον καὶ δυάδι καὶ φύσει τῇ πάντα
γινομένῃ. καὶ τῇ σελήνῃ δέ φασιν ἐφαρμόζειν τὸ δυὰς ὄνομα,
10 ὅτι τε καὶ πλείονας δύσεις ἐκ πάντων τῶν πλανητῶν ἐπιδέχε-
ται καὶ ὅτι ἐδυάσθη καὶ ἐδιχοτομήθη· ἡμίτομος γὰρ καὶ
διχότομος λέγεται.

III   περὶ τριάδος.

Ὅτι ἡ τριὰς ἐξαίρετόν τι παρὰ πάντας τοὺς ἀριθμοὺς κάλ-
15 λος εἴληχε καὶ εὐπρέπειαν, πρῶτον μὲν τὰς τῆς μονάδος δυ-
νάμεις ἐνεργοὺς πρωτίστῃ παρασχοῦσα, περισσότητα, τελειότητα,
ἀναλογίαν, ἕνωσιν, πέρας· περισσὸς μὲν γὰρ κατ' ἐνέργειαν
13 πρῶτος | ὁ γ', ἀκολούθως ταῖς ὀνομασίαις περίϊσος ὢν καὶ
πλέον τι τοῦ ἴσου ἐν ἑτέρῳ μέρει ἔχων, ἐξαίρετον δὲ τὸ ταῖς
20 δυσὶν ἀρχαῖς συνεχὴς καὶ σύστημά γε ἀμφοῖν ὑπάρχειν. τέ-
λειός γε μὴν ἰδιαίτερον τῶν ἄλλων ἐστίν, ὅτι οἱ ἀπὸ μονάδος
ἐφεξῆς ἴσοι εὑρίσκονται μέχρι τετράδος· λέγω δὲ οἷον μονάδος,

5 cf. Iambl. p. 10, 3 sqq. de com. math. sc. p. 14, 25 sq.
Festa. Nicom. p. 9, 16 sq. 10, 3   6 διομήτορα Ph.   7 Δία
Mart. Cap. VII 731 etc. Ῥέαν Ph.   9 σελήνῃ cf. Lyd. II 7.
IV 10   17 sq. cf. Ph. etc.   20 σύστημα ἀμφοῖν cf. Lyd. IV 64

1 δεῖ ANFAst[E] δὴ MLBPp   2 ἄλληλα E ἀλλήλαις P
3 καθ' ὃ Ast   4 προτέρα et ὑστέρα cp πρότερα et ὕστ. Ast
5 καὶ tert. om F   6 ὀνόμαζον B   7 δὲ F   8 τάξεως in marg.
γρ. τάσεως B   9 γεννωμένῃ Ast   φασι E   10 τῶν bis N
ἀπλανῶν cp πλανητῶν Ast in adn. Del. p. 199   10 sq. δέχεται
xApAst ἐπιδέχεται E   11 καὶ tert. om. F   13 om. EB
15 εὐπρεπείαν L   τὰς] τὰ Pp   16 τελειότητα c πλειότητα
pAst   18 τρία E   19 ἐξαιρέτως δὲ τῷ xApAst ἐξαίρετον δὲ
τὸ E   22 ἐφ' ἑξῆς B   ἴσοι AE post μονάδος perperam δυάδος
add. pAst

τριάδος, εξάδος, δεκάδος· ή μὲν γὰρ μονὰς ὡς πυθμὴν μονάδι ἴση, ἡ δὲ τριὰς μονάδι καὶ δυάδι, ⟨ἡ δὲ ἑξὰς μονάδι δυάδι τριάδι⟩, δεκὰς δὲ μονάδι δυάδι τριάδι τετράδι. πλέον οὖν τι ἡ τριὰς ἔχειν φαίνεται τῷ συνεχὴς εἶναι τούτοις, οἷς καὶ ἴση ὑπάρχει· καὶ γὰρ ἐκ τοῦ τοιούτου μεσότητα καὶ ἀναλογίαν αὐτὴν προσηγόρευον, οὐκ ἐπειδὴ πρωτίστη μὲν τῶν ἀριθμῶν μέσον εἴληχε, μονωτάτη δὲ τὸ αὐτὸ ἴσον τοῖς ἄκροις, ἀλλ' ὅτι κατ' εἰκόνα τῆς γενικῆς ἰσότητος, μέσης τοῦ μείζονος καὶ ἐλάττονος ἀνισότητος εἰδῶν ὑπαρχούσης, καὶ αὐτὴ τοῦ πλείονος καὶ ὀλιγωτέρου ἀνὰ μέσον θεωρεῖται, σύμμετρον φύσιν ἔχουσα· ὁ μὲν γὰρ πρὸ αὐτῆς ὁ δύο πλείων [τοῦ α'] τοῦ ὑπόπροσθεν ὑπάρχει, καὶ ῥίζα γε τῆς πυθμενικῆς τοῦ μείζονος σχέσεως· διπλάσιος γάρ· ὁ δὲ μετ' αὐτὴν ὁ δ' ἐλάττων [τοῦ α' β' γ'· καὶ γὰρ ς'] τῶν ὑπόπροσθεν, καὶ πρώτιστόν γε τῆς πυθμενικῆς τοῦ ἐλάσσονος σχέσεως εἶδος· ὑφημιόλιος γάρ· αὕτη δὲ μεταξὺ ἀμφοῖν ἴση [τῷ α' β'] τοῖς ὑπόπροσθεν [ἤγουν ἐστὶ γ']· εἰδοποιὸς ἄρα μεσότητος τοῖς ἄλλοις. ἔνθεν τρεῖς μὲν δι' αὐτὴν αἱ ὀρθαὶ λεγόμεναι μεσότητες, ἀριθμητικὴ γεωμετρικὴ ἁρμονική, τρεῖς δὲ αἱ ταύταις ὑπεναντίαι, τρεῖς δὲ οἱ καθ' ἑκάστην ὅροι, τρία δὲ ⟨τὰ⟩ διαστήματα, τουτέστιν αἱ ἐν ἑκάστῳ ὅρῳ

5 cf. Ph. Mart. Cap. VII 733   17 sq. cf. Theo p. 85, 8 sq.
Lyd. II 8

1 ἑξάδος solus E praebet   2 sq. ἡ ... τριάδι addidi   3 ⟨ἡ⟩ δὲ δεκὰς exspectes   4 συνεχεῖς B συνεχῆς F   7 ἤληχε p ἴσον AENF   9 αὕτη pAst   10 ἀναμέσον ABNF συμμέτρου xApAst σύμμετρον E   11 ὁ alt.] εἰς E πλεῖον E τοῦ α'] om. E τοῦ πρῶτον pAst glossema arbitror   13 ἡ δ' E 13sq. τοῦ ... ς'] om. E adi. ab alt. m. A: glossema arbitror   14 τοῦ xApAst τῶν E πρωτίστω AMLBPN προτίστω F πρώτιστον EpAst   15 εἴδει xA εἴδει^{ους} ead. m. corr. E εἶδος pAst
τῷ α' β' ἤγουν τί ἐστι τῷ α' β'
ὑφ' ἡμιόλιος ENF   16 ἴσει P τοῖς ὑπόπροσθεν x τοῖς ὑπόἤγουν ἐστι γ'
προσθεν A suprscr. ead. m. τοῖς ὑπόπροσθεν E τῆς ὑποπ. pAst τῷ α' β' et ἤγουν ἐστὶ γ' om. EpAst: seclusi quod glossemata esse aperte patet   17 μεσότης xApAst μεσότητος E   18 αἱ om. F   19 καθεκάστην E   20 τὰ addidi

διαφοραὶ μικροῦ πρὸς μέσον καὶ μέσου πρὸς μέγα καὶ μικροῦ πρὸς μέγα, σχέσεις τε ἰσάριθμοι αἱ κατὰ τὰ λεχθέντα ἐν προλόγων τάξει, ἄλλαι δὲ τρεῖς ἀναστροφαὶ ἐξεταζόμεναι μεγάλου πρὸς μικρόν, μεγάλου πρὸς μέσον, μέσου πρὸς μικρόν. ὅτι ἡ
5 μὲν μονὰς τοῦ παντὸς ἀριθμοῦ λόγον ἀδιατύπωτον ἔτι καὶ ἀδιάρθρωτον ὡς ἐν σπέρματι ἑαυτῇ ἔχει, ἡ δυὰς δὲ βρα-
14 χεῖά τις | ἐπ᾽ ἀριθμὸν προχώρησις, οὐκ ἄντικρυς δὲ τοιαύτη διὰ τὸ ἀρχοειδές, ἡ τριὰς δὲ τὴν τῆς μονάδος δύναμιν εἰς ἐνέργειαν καὶ ἐπέκτασιν προχωρεῖν ποιεῖ. καὶ μονάδος μὲν τὸ
10 τόδε, δυάδος δὲ τὸ ἑκάτερον, τριάδος δὲ τὸ ἕκαστον καὶ τὸ ⟨πᾶν⟩· διὸ καὶ εἰς πλήθους ἔμφασιν τῇ τριάδι χρώμεθα, 'τρισμύριοι' λέγοντες ἀντὶ τοῦ 'πολλάκις πολλοί' καὶ 'τρισόλβιοι'· διὸ καὶ τὰς τῶν νεκρῶν ἀνακλήσεις τρὶς εἰθίσθημεν ποιεῖν. ἔτι δὲ καὶ πᾶσα οὐσία διέξοδον ἔχουσα φυσικὴν
15 ὅρους ἔχει τρεῖς, ἀρχὴν ἀκμὴν τελευτήν, οἷον πέρατα καὶ μέσον, διαστήματα δὲ ⟨δύο⟩, οἷον αὔξησιν καὶ φθίσιν, ὥστε τὴν μὲν δυάδος φύσιν καὶ τὸ ἑκάτερον ἐμφαίνεσθαι τῇ τριάδι διὰ τῶν περάτων. ὅτι ἡ τριὰς εὐβουλία καλεῖται καὶ φρόνησις, οἷον τῶν ἀνθρώπων τά τε παρόντα διορθούντων
20 τά τε μέλλοντα προορωμένων καὶ ἐκ τῶν ἤδη γεγονότων λαμβανόντων πεῖραν· τῶν ἄρα τριῶν τοῦ χρόνου μερῶν ἐποπτική πως ἡ φρόνησις, ὥστε καὶ ἡ γνῶσις κατὰ τὴν τριάδα. ὅτι

8sq. ἡ τριὰς... ποιεῖ, 18 εὐβουλία, 22 γνῶσις Ph.

1sq. καὶ μικροῦ πρὸς μέγα AE om. xpAst 4 μεγάλου... μικρόν om. E 5 τοῦ] τὸν E 6 ἐν ante ἑαυτῇ add. Ast ἑαυτῆς F 7 προχώρησιν p 8 εἰς om. B 9 ἐπ᾽ ἔκτασιν p 10sq. verba καὶ τὸ et lacunam quatuor fere litterarum solus E praebet: πᾶν supplevi cll. Theone p. 100, 15 et Chalc. p. 104, 3 sq. certe tria primitus dicta sunt omnia, quod de duobus dici non potest. utrumque (cf. v. 10 δυάδος δὲ τὸ ἑκάτερον) enim dicitur de duobus 12 τρὶς μύριοι PpAst τριμύριοι B 13sq. εἰθίσθημεν yAE εἰθίσαι μὲν P εἰθίσαμεν pAst 14 ποιεῖσθαι xApAst ποιεῖν E 15 τρεῖς] γ´ E 16 δύο add. Heiberg οἷον xpAst om. AE secluserim 17 τὴν δυάδος rep. B 18 διὰ AE om. xpAst post περάτων aliquid excidisse videtur 19 οἷα AEMPpAst 20 προορωμένων p γεννάτων p 22sq. ὅτι τὴν τριάδα om. NF

τὴν τριάδα *εὐσέβειαν* καλοῦσι· διὸ καὶ τριὰς ὠνομάσθη παρὰ τὸ τρεῖν, τὸ δεδοικέναι καὶ εὐλαβεῖσθαι.

Ἀνατολίου.

ὅτι ὁ τρία πρῶτος περισσὸς καλεῖται ὑπ' ἐνίων *τέλειος*, ὅτι πρῶτος τὰ πάντα σημαίνει, ἀρχὴν καὶ μέσον καὶ τέλος. τὰ ἐξαίσια ἀπὸ ταύτης σεμνύνοντες καλοῦσι τρισολβίους, τρισμάκαρας. εὐχαὶ καὶ σπονδαὶ τρὶς γίνονται. εἰκών ἐστιν ἐπιπέδου καὶ πρώτη ὑπόστασις ἐν τριγώνοις· τρία γὰρ αὐτῶν γένη, ἰσόπλευρον ἰσοσκελὲς σκαληνόν· ἔτι γωνίαι εὐθύγραμμοι τρεῖς, ὀξεῖα ἀμβλεῖα ὀρθή. χρόνου μέρη τρία. εἴκαζον δὲ αὐτὴν ἐν ἀρεταῖς σωφροσύνῃ· συμμετρία γὰρ αὕτη μεταξὺ ὑπεροχῆς καὶ ἐλλείψεως. ἔτι ἡ τριὰς ἐκ μονάδος καὶ δυάδος καὶ ἑαυτῆς τὸν ἓξ ποιεῖ κατὰ σύνθεσιν, ὅς ἐστι πρῶτος τέλειος ἀριθμός.

Νικομάχου Θεολογούμενα.

ὅτι ἀρχὴ κατ' ἐνέργειαν ἀριθμοῦ ἡ τριὰς μονάδων συστήματι ὁριζομένου· μονὰς μὲν γὰρ τρόπον τινὰ ἡ δυὰς διὰ τὸ ἀρχοειδές, σύστημα δὲ μονάδος καὶ δυάδος ἡ τριὰς πρώτη· ἀλλὰ καὶ τέλους καὶ μέσου καὶ ἀρχῆς πρωτίστη ἐπιδεκτική, δι' ὧν τελειότης περαίνεται πᾶσα. εἶδος τῆς τῶν ὅλων τελεσιουργίας

4—13 = An. p. 31, 7—20. cf. Lyd. II 8. IV 64. Theo p. 46, 15. 100, 14. 21sqq. 101, 1. Plut. qu. conv. IX 3, 2   8sqq. Mart. Cap. II 105. VII 717. 733. Chalc. p. 91, 2. 103, 22sq. Favon. p. 4, 16. 22. 28. Isidor. Migne PL 83, 181. Ph. etc.   15 ἀρχή cf. Lyd. ll. ll. IV 26 etc.   μονάδων συστήματι Ph.

---

1 ὀνομάσθη B   2 δεδεικέναι B   3 ἀνατολίου in marg. add. N om. B   4 ὁ γ'α' E ἐναντίων E   5 τὰ pr. om. F   σημαίνεται cpAst σημαίνει scripsi cll. An. et Lydo   fort. legend. σημαίνει ⟨καὶ πρῶτος ἔδειξεν⟩ ἀρχὴν: cf. enim Lyd.   μέσην cp corr. Ast   6 σεμνήνοντες B   7 τρεῖς EAn.   γίγνονται B   8 πρῶτον cp ⟨οὗ⟩ καὶ πρῶτον mavult Ast πρώτη scripsi cll. An. Lydo et Theone   9 et 10 γ' E   10 εἴκασον p εἴκασαν Meurs.   11 σωφροσύνην E   13 κατασύνθεσιν B   14 om. B   17 διάδος τριάς L   μονὰς ead. m. corr. E   18 μέσου κ. τέλους κ. ἀρχῆς E

καὶ ὡς ἀληθῶς ἀριθμὸς ἡ τριάς, ἰσότητα καὶ στέρησίν τινα
τοῦ πλείονος καὶ ἐλάττονος τοῖς ὅλοις παρέσχεν, ὁρίσασα τὴν
ὕλην καὶ μορφώσασα ποιοτήτων πασῶν δυνάμεσιν. ἴδιον γοῦν
καὶ ἐξαίρετον ἔχει παρὰ τοὺς ἄλλους ἀριθμοὺς ὁ τρία τὸ τοῖς
πρὸ αὐτοῦ ἴσος εἶναι. τρὶς δὲ καὶ σπένδουσι καὶ τρὶς ἐπι-
θύουσιν οἱ τελειωθῆναι τὰς ἑαυτῶν εὐχὰς αἰτοῦντες παρὰ
θεοῦ· τρισμακαρίους τε καὶ τρισευδαίμονας καὶ τρισολβίους
τρίς τε τὰ ἐναντία φαμέν, ὅσοις τελείως ἕκαστον τούτων ὡσα-
νεὶ πάρεστιν. ὅτι ὠνομάσθαι καὶ ταύτην τριάδα φασὶ παρὰ
τὸ ἀτειρής τις εἶναι καὶ ἀκαταπόνητος· οὕτω δὲ λέγεται διὰ
τὸ μὴ δύνασθαι αὐτὴν εἰς δύο ἴσα διαιρεῖσθαι. ὅτι πρῶτον
πλῆθος ἡ τριάς· ἑνικὰ γὰρ καὶ δυϊκὰ λέγομεν, εἶτ' οὐκέτι τρια-
δικὰ ἀλλὰ πληθυντικὰ ἰδίως. ὅτι καὶ ἐν τῇ τοῦ ἀριθμοῦ φύ-
σει ἡ τριὰς διατείνει· περιττοῦ μὲν γὰρ εἴδη τρία, τὸ μὲν
πρῶτον καὶ ἀσύνθετον, τὸ δὲ δεύτερον καὶ σύνθετον, τὸ δὲ
μικτόν, τὸ πρὸς αὐτὸ μὲν δεύτερον, πρὸς ἄλλο δὲ πρῶτον·
πάλιν δὲ τὸ μὲν ὑπερτελές, τὸ δὲ ἀτελές, τὸ δὲ τέλειον· συλ-
λήβδην δὲ τοῦ πρός τι ποσοῦ τὸ μὲν μεῖζον, τὸ δὲ ἔλαττον,
τὸ δὲ ἴσον. τῇ τε γεωμετρίᾳ προσφυέστατόν ἐστιν ἡ τριάς· τὸ
γὰρ ἐν ἐπιπέδοις στοιχειωδέστατόν ἐστι τρίγωνον καὶ τούτου
εἴδη τρία, ὀξυγώνιον ἀμβλυγώνιον σκαληνόν. τρεῖς τε τῆς
σελήνης οἱ σχηματισμοί, αὔξησις πανσέληνος καὶ μινύθησις·

---

5 sqq. cf. Theo p. 100, 17 sqq.   9 sq. cf. Del. p. 172, 12   17 ὑπερ-
τελές ... τέλειον cf. Theo p. 45, 9 sq.   Mart. Cap. VII 753
19 γεωμετρίᾳ cf. Ph.

---

1 τινα post ἰσότητα xApAst post στέρησιν E   2 ταῖς ὅλαις
yAE τοῖς ὅλοις PpAst   3 πᾶσι pAst   4 ἐξέρετον P τρία]
γ' E τοῦ xpAst τοῖς AE   5 ἴσος AEBNF σπένδουσιν MLP
6 αὐτῶν NF   7 τρὶς μακαρίους F τρὶς εὐδαίμονας BF   8 τε-
λείως xA τελείοις E τέλειον pAst   9 φασὶν x   11 ἴσα AEB
12 sq. τριειδικὰ x τριαδικὰ AE τρισδικὰ p τρισσικὰ Ast   14 ἤδη B
ἤδη P   15 τὸ δὲ δεύτερον καὶ σύνθετον om. NF   16 μικτρόν
B αὐτὸ c αὐτὸν p αὐτὸ Ast πρὸς δὲ ἄλλο pAst   17—18 τὸ
δὲ τέλειον ... ἔλαττον AE om. xpAst   19 τε E om. xApAst
ἐστιν om. F   20 στοιχειοδέστατον F   21 τρία] γ' E τε] δὲ
BNF

THEOLOGOUMENA ARITHMETICAE 19

τρεῖς δὲ καὶ οἱ τῆς ἀνωμαλίας τρόποι, προποδισμὸς ἀναποδισμὸς καὶ ὁ μεταξὺ αὐτῶν στηριγμός. καὶ τρεῖς οἱ τὸ ζωδιακὸν | πλάτος ὁρίζοντες κύκλοι, θερινός τε καὶ χειμερινὸς καὶ 16 ὁ ἀνὰ μέσον τούτων ὁ λεγόμενος ἐκλειπτικός. καὶ τρία μὲν εἴδη ζώων, πεζὸν πτηνὸν ἔνυδρον. τρεῖς δὲ καὶ αἱ Μοῖραι 5 θεολογοῦνται, ὅτι καὶ ἡ σύμπασα διεξαγωγὴ θείων τε καὶ θνητῶν ἔκ τε προέσεως καὶ ὑποδοχῆς καὶ τρίτον ἀνταποδόσεως κρατύνεται, σπερμαινόντων μὲν τρόπον τινὰ τῶν αἰθερίων, ὑποδεχομένων δὲ ὡσανεὶ τῶν περιγείων, ἀνταποδόσεων δὲ διὰ τῶν ἀνὰ μέσον τελουμένων, ὥσπερ ἐγγόνου τινὸς με- 10 ταξὺ ἄρρενος καὶ θήλεος. καὶ τὸ παρ' Ὁμήρῳ δὲ ἁρμόσοι τις ἂν τούτοις 'τριχθὰ γὰρ πάντα δέδασται', ὅπου καὶ τὰς ἀρετὰς εὑρίσκομεν δύο κακιῶν ἀλλήλαις τε καὶ ἀρετῇ ἀντικειμένων μέσας, καὶ συνᾴδει ὁ λόγος, κατὰ μὲν μονάδα ὡρισμένον τι καὶ γνωστὸν καὶ φρόνιμον τὰς ἀρετὰς εἶναι — τὸ 15 γὰρ μέσον ἕν —, κατὰ δὲ δυάδα ἀόριστον καὶ ἄγνωστον καὶ ἄφρον τὰς κακίας. ἔτι γε μὴν καὶ φιλίαν καὶ εἰρήνην καὶ προσέτι ἁρμονίαν τε καὶ ὁμόνοιαν προσαγορεύουσιν· ἐναντίων γὰρ καὶ οὐχ ὁμοίων συνακτικὰ καὶ ἑνωτικὰ ταῦτα· διὸ καὶ γάμον ταύτην καλοῦσι. τρεῖς δὲ καὶ αἱ ἡλικίαι. 20

2sq. cf. Lyd. II 8   4 ὁ ἀνὰ ... ἐκλειπτικός cf. Macr. I 6, 53
5 Μοῖραι cf. Mart. Cap. VII 733. Favon. p. 4, 24 sq.   11 Ὁμήρῳ
Il. Ο 189 cf. Lyd. II 8. [Plut.] vita Hom. 145. Philo quaest. et
sol in Gen. IV 8 etc.   18 ἁρμονίαν 20 γάμον Ph.

---

1 οἱ] ἡ B ἀνωμαλίας yAE ἀνομαλίας PpAst   4 ἀναμέσον yA ἀνὰ μέσον EPpAst γ' E   6 καὶ om. E equidem abesse malim ἡ om. F   8 sq. ἐθερίων P   9 πτεριγείων p ἀνταποδόσεως cpAst correxi   10 ἀναμέσον AMLBPN ἀνὰ μέσον E ἀναμέσων FpAst τελουμένων cp τελουμένης Bullialdus (ad Theon. p. 282) Ast in adn.   11 θήλεῶς N θύλεῶς F θηλέον p ἁρμόσει B corr. ab ead. m.   12 τριχὰ xp γὰρ] δὲ vulg. (potior) δεδέσθαι p ὅπου yAE ὃ πάνυ Pp πάνυ Ast   13 ἀλλή/ E   14 συνάγει δὲ (om. καὶ) NF   20 γάμονα p αὐτὴν xpAst ταύτην AE καλοῦσιν MLBPN

περὶ τετράδος.

Ὅτι ἐν τῇ μέχρι τῆς τετράδος φυσικῇ ἐπαυξήσει πάντα συντελούμενα φαίνεται τὰ ἐν τῷ κόσμῳ, καθόλου καὶ κατὰ μέρος, καὶ τὰ ἐν ἀριθμῷ, ἐν πάσαις ἁπλῶς φύσεσιν· ἐξαίρετον δὲ καὶ πρὸς τὴν ἐφάρμοσιν τοῦ ἀποτελέσματος μάλιστα συντεῖνον τὸ τὴν δεκάδα ὑπ' αὐτῆς ἅμα τοῖς ὑπόπροσθεν συγκορυφοῦσθαι γνώμονα καὶ συνοχὴν ὑπάρχουσαν, ἀλλὰ καὶ τὸ τὴν σωμάτωσιν καὶ τὴν ἐπὶ τρία διάστασιν μέχρις αὐτῆς πέρας ἴσχειν· τὸ γὰρ ἐλάχιστον καὶ πρωτοφανέστατον σῶμα πυραμὶς ἐν τετράδι ὁρᾶται εἴτε γωνιῶν εἴτε ἐπιπέδων, ὥσπερ καὶ τὸ ἐξ ὕλης καὶ εἴδους αἰσθητόν, ὅ ἐστιν ἀποτέλεσμα τριχῇ διαστατόν, ἐν τέσσαρσιν ὅροις ἐστί. καὶ μὴν καὶ τῆς ἐν τοῖς οὖσιν ἀληθείας τὴν κατάληψιν τήν τε βεβαίαν καὶ τὴν ἐπιστημονικὴν ἐπίγνωσιν ποιεῖσθαι διὰ τῶν τεσσάρων μαθημάτων βέλτιον καὶ ἀπταιστότερον· τῶν γὰρ ὄντων ἁπλῶς ἁπάντων ἐν μὲν παραθέσει καὶ σωρείᾳ τῷ ποσῷ ὑπαγομένων, ἐν δὲ ἑνώσει καὶ ἀλληλουχίᾳ τῷ πηλίκῳ, καὶ τῶν μὲν ἐν ποσότητι ἤτοι καθ' ἑαυτὰ νοουμένων ἢ [ἐν] πρός τι, τῶν δὲ ἐν πηλικότητι ἢ ἐν μονῇ ἢ ἐν κινήσει, τέτταρες ἀνάλογον μαθηματικαὶ μέθοδοι καὶ ἐπιστῆμαι τὴν κατάληψιν ἑκάστην ἑκάστῃ κατ' οἰκειότητα ποιήσονται, ποσοῦ μὲν κοινῇ ἀριθμητική, ἰδιαίτερον δὲ [περὶ] τοῦ καθ' αὐτό, τοῦ δὲ πρὸς ἕτερον ἤδη καὶ μουσική, πηλίκου δὲ κοινῶς μὲν γεωμετρία, ἰδιαίτερον δὲ

---

1 om. E (qui inscriptionem νικομάχου θεολογούμενα praebet) B 2 ἐπ' αὐξήσει B 4 ἁπλῶς y AE ἁπλαῖς Pp Ast 5 sq. συντείνων p - 6 τὴν om. E 6 sq. συγκοριφοῦσθαι p 7 συνεχὴν NF 8 ἐπιτρία P αὐτῆς] 'ἂν E 9 σῶμα y AE ἅμα Pp Ast 10 εὐθειῶν ex ἐπιπέδων ead. m. corr. E 12 τέσσαρσι p Ast ἐστιν MLPNFp Ast om. Fabricius 16 σωρίᾳ xp σωρείᾳ AE Ast ποσῷ] σῶ B ὑπαγαγομένων p Ast 17 μὲν om. Pp Ast 18 ἑαυτ' E ἐν secl. Ast 19 τέσσαρες A ἀνάλογον] αν α' E 21 κατοικειότητα Ep κοινῇ AEMLNF κοινὴ B κεινῇ in marg. κειμένη ab alt. m. P κειμένη p ⟨ἁπλῶς⟩ κειμένου Ast in adn. ἡ post εἴδους κοινὴ perperam add. p Ast 22 περὶ del. Ast in adn. ἤδη καὶ ἡ E alt. m. corr. 23 καὶ deleverim μουσικήν xp

THEOLOGOUMENA ARITHMETICAE 21

τοῦ ἑστῶτος, τοῦ δ' ἐν κινήσει ἤδη καὶ εὐτάκτῳ μεταβάσει σφαιρική. εἰ δὲ τῶν ὄντων εἶδος ὁ ἀριθμός, ἀριθμοῦ δὲ τὰ ῥιζώματα καὶ οἱονεὶ στοιχεῖα οἱ μέχρι τετράδος ὅροι, εἴη ἂν ἐν τούτοις τὰ προλεχθέντα ἰδιώματα καὶ αἱ τῶν τεσσάρων ἐπιστημῶν ἐμφάσεις, ἀριθμητικῆς μὲν ἐν μονάδι, μουσικῆς δὲ ἐν δυάδι, γεωμετρίας δὲ ἐν τριάδι, σφαιρικῆς δὲ ἐν τετράδι, καθὼς ἐν τῷ δηλουμένῳ Περὶ θεῶν συγγράμματι ὁ Πυθαγόρας οὕτω διορίζεται· 'τέτταρες μὲν καὶ ταὶ σοφίας ἐπιβάθραι, ἀριθμητικὰ μωσικὰ γεωμετρία σφαιρικά, α' β' γ' δ' τεταγμέναι.' καὶ Κλεινίας δὲ ὁ Ταραντῖνος· 'ταῦτα γὰρ ἄρα μένοντα μέν', φησίν, 'ἀριθμητικὰν καὶ γεωμετρίαν ἐγέννασεν, ἐκκινηθέντα δὲ ἁρμονίαν καὶ ἀστρονομίαν.' κατὰ μὲν οὖν τὴν μονάδα ἡ ἀριθμητικὴ εἰκότως θεωρεῖται πρῶτον· συναναιρεῖ γὰρ τὰς ἄλλας ἑαυτῇ καὶ συνεπιφέρεται δὲ ἐκείναις, οὐκ ἔμπαλιν δέ, ὥστε ἀρχεγονωτέρα καὶ μήτηρ αὐτῶν, καθὰ καὶ ἡ μονὰς πρὸς τοὺς μετ' αὐτὴν ἀριθμοὺς ἔχουσα φαίνεται. ἀλλὰ καὶ ἀριθμοῦ πᾶν εἶδος καὶ πᾶν ἰδίωμα καὶ παρακολούθημα ἐν τῇ μονάδι πρώτιστα | ὡς ἐν σπέρματι ὁρᾶται· ἔστι γὰρ ποσόν τι ἡ μονὰς καὶ καθ' ἑαυτό γε θεωρούμενον καὶ μονώτατον περαῖνον καὶ ἀληθῶς ὁρίζον· σὺν γὰρ ἑτέρῳ μόνον οὐκ ἄν ποτε εἴη τι, κατὰ δὲ τὴν δυάδα· ἑτερότητος γὰρ πρωτίστη ἔννοια ἐν δυάδι·

---

7 Περὶ θεῶν cf. Iamb. v. Pyth. § 146 10 Κλεινίας cf. Diels
I³ 342, 29

εἴδους

1 δὲ FPpAst κινήσῃ P ἤδη E alt. m. corr. 2 τὰ om. E
3 μέχρις MLPpAst 4 αἱ om. NF 7 συγγράμματι P 8 οὕτως
AEMLBPpAst 8—10 haec verba Pythagorae nomini addixi
8 τέσσαρες xApAst τέτταρες E ταὶ AE om. xpAst 9 μουσικὰ
Pp om. NF ἀριθμητική, μουσική et σφαιρική Ast 10 α'] ἑπτὰ
ἐν E (ἑπτὰ ead. m. del.) 11 ἄρα^δ E (δ' alt. m. add.)
11sq. ἀριθμητικὴν F 12 ἐκκιθέντα F δὲ om. E 13 ἡ E καὶ xAp
Ast 16 ἀρχαιογονωτέρα AEMLBP ἀρχαιογῶνωτέρα NF ead. m.
corr· ἀρχεογονωτέρα p ἀρχεγονωτέρα Ast 20 γε AE δὲ MLBPNp
Ast om. F 21 ὁρίζων B ead. m. corr. εἴη] ἡ E 22 προτίστη p

22   IAMBLICHI

πρὸς ἕτερον δέ πως ἡ μουσικὴ φαίνεται, σχέσις πως οὖσα καὶ
ἁρμονία τῶν ἀνομοίων πάντη καὶ ἐν ἑτερότητι· κατὰ δὲ τὴν
τριάδα γεωμετρική, οὐ μόνον ὅτι περὶ τὸ τριχῇ διαστατὸν καὶ
τὰ τούτου κατασχολεῖται μέρη καὶ εἴδη, ἀλλ' ὅτι καὶ ἴδιον
5 τοῦ διδασκάλου τούτου, τὰς ἐπιφανείας, ἃς δὴ χροιὰς ἔφασκον,
γεωμετρίαν περαινούσας ὀνομάζειν ἀεί, ὡς δὴ τῆς γεωμετρίας
περὶ τὸ ἐπίπεδον πρώτιστα διαγινομένης, ἐπίπεδον δὲ τὸ στοι-
χειωδέστατον ἐν τριάδι ἤτοι γωνιῶν ἢ πλευρῶν, ἀφ' οὗ ὡς
ἀπό τινος βάσεως ὡς ἐπὶ ἕν τι σημεῖον βάθους προσγενομένου
10 πάλιν σωμάτων τὸ στοιχειωδέστατον πυραμὶς συνίσταται ὑπὸ
τεσσάρων τῶν ἐλαχίστων ἤτοι γωνιῶν ἢ γραμμῶν καὶ αὐτὴ
περιεχομένη, τρισὶν ἴσοις διαστήμασι καθαρμοσθεῖσα, μεθ'
ἃ οὐκέτι ἄλλο ⟨τι⟩ ἐν τῷ σώματι ὑπόκειται φύσει. καὶ
ἡ σφαιρικὴ τῇ τετράδι ἐφαρμόζεται· σωμάτων γὰρ πάντων
15 τελειότατόν τε καὶ τῶν ἄλλων μάλιστα περιεκτικώτατον φύσει
καὶ μυρίοις ἑτέροις ὑπερφέρον τί ἐστιν ἡ σφαῖρα, τεσσάρων
περιοχή τις οὖσα, κέντρου διαμέτρου περιφερείας ἐμβαδοῦ, ὅ
ἐστιν ἀντιτυπίας. τοιαύτης δὲ οὔσης ἐπώμνυον δι' αὐτῆς τὸν
Πυθαγόραν οἱ ἄνδρες, θαυμάζοντες δηλονότι καὶ ἀνευφημοῦν-
20 τες ἐπὶ τῇ εὑρέσει, καθά που καὶ Ἐμπεδοκλῆς·

'οὔ, μὰ τὸν ἁμετέρᾳ γενεᾷ παραδόντα τετρακτύν,
παγὰν ἀενάου φύσεως ῥιζώματ' ἔχουσαν.'

21sq. cf. Del. pp. 250sqq.

2 ἑτερότητι ex ἑτερώτητι alt. m. corr. P   4 τὰ] διὰ E
6 γεωμετρία cp corr. Ast   fort. scribend. περαίνουσαν cum Astio
ἀεί yAE εἶναι PpAst   7 πρώτιστα om. B   διαγενομένης E δια-
γιγνομένης B   ἐπιπέδων xApAst ἐπίπεδον E   7sq. τοῦ στοι-
χειωδεστάτου corr. Ast   11 ἐπιπέδων xApAst ἐπιπέδων γραμμῶν E alt.
m. corr.   αὐτῇ AMLBPF   13 οὐκ ἔτι B   τι addidi   τῷ om.
LBNF   16 ἑτέροις B om. PpAst   17 περιφερίας P   ὅς F
18 ἐπώνυμον xp ἐπώμνυον AEMeurs.Ast   αὐτοῦ Holstenius
18sq. τὰ Πυθαγόρου cpMeurs. corr. Ast   19 θαυμάζονται F
20 εὑρήσει p   21 οὔ μα MLNF οὐ μὰ PpAst   ἡμετέρῃ γενεῇ
E   τετρακτήν Pp   22 παγὰν A   ἀεννάου E   φύσιος ῥίζωμά
τ' Ast

ἀέναον γὰρ φύσιν τὴν δεκάδα ἠνίττοντο τὴν οἱονεὶ ἀΐδιον
καὶ αἰώνιον τῶν ὅλων φύσιν καὶ εἰδῶν ὑπάρ|χουσαν, καθ' 19
ἣν συνεπληρώθη καὶ πέρας τὸ ἁρμόζον καὶ περικαλλέστατον
ἔσχε τὰ ἐν κόσμῳ. ῥιζώματα δ' αὐτῆς τὰ μέχρι τετράδος,
α' β' γ' δ'· πέρατα γὰρ ταῦτα καὶ οἱονεὶ ἀρχαί τινες τῶν 5
ἀριθμοῦ ἰδιωμάτων, μονὰς μὲν ταὐτοῦ καθ' αὑτὸ νοουμένου,
δυὰς δὲ θατέρου καὶ τοῦ ἤδη πρὸς ἄλλο, τριὰς δὲ ἑκάστου
τε καὶ περισσοῦ τοῦ κατ' ἐνέργειαν, τετρὰς δὲ τοῦ ἐνεργείᾳ
ἀρτίου· περισσοειδὴς γὰρ πολλάκις ἡμῖν ὤφθη ἡ δυὰς διὰ τὸ
ἀρχοειδὲς οὔπω τῶν ἀρτίου καθαρῶν ἰδιωμάτων ἐπιδεκτικὴ 10
οὖσα οὐδὲ τῶν ὑποδιαιρέσεων. ὅτι ἐν πρώτῃ τετράδι σωμά-
τωσις ἐλαχίστη καὶ σπερματικωτάτη, εἴπερ καὶ στοιχειωδέστα-
τον τῶν σωμάτων καὶ μικρομερέστερόν ἐστι τὸ πῦρ, αὐτοῦ δὲ
τούτου σχῆμα ὡς σώματος πυραμὶς φερώνυμος διὰ τοῦτο
ὑπὸ τεσσάρων τε βάσεων καὶ ὑπὸ τεσσάρων γωνιῶν μόνη 15
περικλειομένη ἐστί· κἀκεῖθεν, πεισθείημεν ἄν, τέσσαρες ἀρχαὶ
τοῦ κόσμου, εἴτε ὡς ἀϊδίου συνοχῆς εἴτε ὡς γεννητῆς συστάσεως,
⟨ὡς⟩ προελέχθη, ὑφ' οὗ, ἐξ οὗ, δι' ὅ, πρὸς ὅ· θεὸς ἄρα καὶ
ὕλη καὶ εἶδος καὶ ἀποτέλεσμα. ὅτι γὰρ καὶ τὰ τέσσαρα στοι-
χεῖα, πῦρ ἀὴρ ὕδωρ γῆ, καὶ αἱ τούτων δυνάμεις, θερμὸν 20
ψυχρὸν ὑγρὸν ξηρόν, κατὰ τὴν τετράδος φύσιν ἐν τοῖς οὖσι
διατέτακται, δῆλον. καὶ τὰ οὐράνια δὲ κατὰ ταύτην διακε-
κόσμηται· τέτρασι γὰρ κέντροις, τῷ ὑπὲρ κορυφήν, τῷ κατὰ

---

14 φερώνυμος cf. Theo p. 97, 14   19 sq. cf. Nicom. p. 73, 12 sq.
Philo de plant. Noe 28. quis rer. div. her. 41. 57. de op. m. 16. 51.
Del. p. 172, 19. 187, 3 etc.   20 sq. cf. Philo quis rer. div. her. 30
23 sq. cf. Macr. II 5, 18 sq.

1 ἀέννάον AEMLBP αἰόνιον p   3 περικαλέστατον MLPNEp
περὶ καλέστατον F   6 τ' αὐτοῦ NF   καθαυτὸ L   7 καθ'
ἑτέρου B   8 ἐνέργειαν τετρὰς δὲ τοῦ om. B   ἐνεργείας p
11 οὖσα; NF   ὑπὸ διαιρέσεων p   ἐν alt. m. del. E   πρωτ' P
πρώτῳ p   τετρὰς ex τετράδι alt. m. corr. E   11 sq. σώμασιν xE
corr. Ast   17 γεννητῆς xE corr. Ast   18 ὡς add. Heiberg   πρὸς ὅ,
δι' ὅ E καὶ ante δι' ὅ perperam add. p ante πρὸς o Ast   19 καὶ
τὰ] κατὰ F   δ' E   20 ὕδωρ ἀὴρ E   21 ξηρὸν ὑγρὸν E   φύσιν
om. NF   23 ὑπερκορυφῆς NF κορυφῆς MLBPpAst κορυφὴν E

24　IAMBLICHI

ἀνατολήν, τῷ πρὸς ὀρθὰς ὑπὸ γῆν, τῷ πρὸς δύσιν· ἃ δὴ καὶ †ζωδιακὸς ἀπ' ἀλλήλων τέτταρα φαίνεται, καὶ ἑτέρως τοῖς τέσσαρσι πέρασιν, ἀρκτικῷ, ἀνταρκτικῷ, ἑῴῳ καὶ ἑσπερίῳ, εἴς τε τὸν τῆς σφαιρώσεως αὐτῆς λόγον, κέντρῳ, ἄξονι, περιφε-
5 ρείᾳ, ἐμβαδῷ. ἀλλὰ καὶ τὰ λεγόμενα ἐννενηκονταμόρια τοῦ ζωδιακοῦ τμήματα, καθ' ἃ διὰ τοῦ ἐκλειπτικοῦ ψαύει τροπικῶν τεσσάρων, θερινοῦ, χειμερινοῦ, ἰσημερινοῦ δὶς κεχιασμένως κατὰ διάμετρον, τοσαῦθ' ὑπάρχει· αἵ τε ἐν ἀλλήλαις καὶ
20 δι' ἀλλήλων ἐξαιρέτως μόνῳ συμβεβηκυῖαι οὐρανῷ κι|νήσεις
10 τέσσαρες αἱ γενικαί, πρόσω μὲν διὰ τοῦ καθ' ἕκαστον κλίμα μεσουρανήματος, * * * ἄνω δὲ διὰ τοῦ ἀναφερομένου ὑπὲρ τὸν ὁρίζοντα, κάτω δὲ διὰ τοῦ δυομένου. τέσσαρες δὲ καὶ αἱ λεγόμεναι ὧραι τοῦ ἔτους, ἔαρ θέρος μετόπωρον χειμών. τέσσαρα δὲ καὶ τὰ τῆς καθολικῆς κινήσεως σχεδὸν μέτρα, ὧν τὸ
15 μέγιστον καὶ διηνεκὲς αἰὼν ἐκλήθη, τὸ δὲ καθ' αὑτὸ καὶ κατ' ἐπίνοιαν εὔληπτον χρόνος, τὸ δ' ἔτι ὑποβεβηκὸς καὶ τρόπον τινὰ ἐν καταλήψει αἰσθητῇ ἡμῖν πεφυκὸς καιρός, τὸ δὲ βραχυτάτης διαστάσεως καὶ παρεκτάσεως μετέχον ὥρα· καὶ ἑτέρως ἔτος, μήν, νύξ, ἡμέρα. τούτοις δ' ἀνάλογα καὶ κατὰ τὴν κοσ-
20 μικὴν συμπλήρωσιν, ἄγγελοι δαίμονες ζῶα φυτά, συμπληροῖ

---

12 sq. cf. Theo p. 98, 11 sq.　Philo de op. m. 16. de plant. Noe 28.　Del. p. 187, 2　14 sqq. cf. Lyd. III 15.　19 ἔτος ... ἡμέρα cf. Chalc. p. 91, 1

---

1 sq. ἃ ... φαίνεται secl. Ast in adn. simulque correxit τὰ δὲ ζωδιακοῦ κτλ.　2 ἀπαλλήλων NF　φαίνηται Pp　3 πέρασι E
5 ἐννενήκοντα μόρια pAst　6 τμήματα MLBPp τμήματος ENF
διὰ κ´
⟨ἃ⟩ τμήματα Ast　κατὰ δύο xpAst καθ'ἃ διὰ E (διὰ κ' add. ab alt. m.) καθ' ἃ scripsi ἐλλειπτικοῦ xEp corr. Ast καὶ δύο τῶν τροπικῶν ψαύει xpAst ψαύει τροπικῶν τεσσάρων E　10 δ' E
11 μεσουρανίματος B　lacunam signavi quae initio supplenda
⟨ὀπίσω δὲ ...⟩　12 διομένου B　13 ὧραι B μετώπωρον NF
13 sq. τέσσαρες F　16 δὲ ἔτι PpAst δέ τι B　17 καιρὸς xpAst ἡμέρα
χρόνος E ead. m. corr.: at cf. infra v. 19 et p. 28, 20 sq.
18 μετέχων p　19 δ' xEpAst δ' scripsi τὴν om. F　20 ⟨ἃ⟩ συμπληροῖ mavult Ast

τὸ πᾶν. τέσσαρσι δὲ τρόποις καὶ αὐτὰς τὰς κινήσεις διακρίνουσι, προποδισμῷ, ἀναποδισμῷ, στηριγμοῖς δυσί, προτέρῳ καὶ δευτέρῳ. καὶ ἐν τοῖς ζώοις δὲ αἰσθήσεις τέσσαρες ὡρισμέναι καταλαμβάνονται, τῆς ἁφῆς κοινῆς ὑποβεβλημένης ἁπασῶν καὶ διὰ τοῦτο τόπον ἢ ὄργανον μόνης εὔτακτον οὐκ ἐχούσης. καὶ φυτῶν δὲ τὰ μὲν δένδρα, τὰ δὲ θάμνοι, τὰ δὲ λάχανα, τὰ δὲ πόα. καὶ γένη δὲ ἀρετῶν τέσσαρα, φρόνησις μὲν πρώτη τῆς ψυχῆς, κατ' αὐτὴν δὲ εὐαισθησία σώματος καὶ εὐτυχία ἐν τοῖς ἐκτός, δευτέρα σωφροσύνη περὶ ψυχήν, ὑγεία δὲ περὶ σῶμα, εὐδοξία δὲ ἐν τοῖς ἐκτός, τρίτη δὲ κατὰ τὴν αὐτὴν τάξιν ἀνδρεία, ἰσχύς, δυναστεία, καὶ τετάρτη δικαιοσύνη, κάλλος, φιλία. καὶ μὴν καὶ ὧραι, ὥσπερ ἔτους, οὕτω δὴ καὶ ἀνθρώπου τέσσαρες, παῖς νεανίας ἀνὴρ γέρων. ἀλλὰ καὶ τὰ ἐν ἀριθμῷ στοιχειωδέστατα ἰδιώματα τέσσαρα, ταυτὸν ἐν μονάδι, ἕτερον ἐν δυάδι, χροιὰ ἐν τριάδι, σῶμα ἐν τετράδι. ὅτι καὶ ὁ ἄνθρωπος εἰς τέσσαρα διαιρεῖται, κεφαλὴν θώρακα πόδας καὶ χεῖρας. καὶ τέσσαρες ἀρχαὶ τοῦ λογικοῦ ζώου, ὥσπερ καὶ Φιλόλαος ἐν τῷ Περὶ φύσεως λέγει, ἐγκέφαλος καρδία ὀμφαλὸς αἰδοῖον· ‘ἐγκέφαλος | μὲν νόου, καρδία δὲ ψυχᾶς καὶ αἰσθήσιος, ὀμφαλὸς δὲ ῥιζώσιος καὶ ἀναφύσιος τοῦ πρώτου, αἰδοῖον δὲ σπέρματος [καὶ] καταβολᾶς τε καὶ γεννήσιος. ἐγκέφαλος δὲ ⟨σαμαίνει⟩ τὰν ἀνθρώπω ἀρχάν, καρδία δὲ τὰν

3sqq. cf. Theo p. 98, 5 sqq.   7 ἀρετῶν cf. Favon. p. 2, 23.
Isidor. Migne PL 83, 183   12 sq. cf. Theo p. 98, 13. 99, 7.
Mart. Cap. VII 734 etc.   18 Φιλόλαος Boeckh p. 159 Diels³
32 B 13

1sq. διακρίνουσιν MLBp   2 δυσὶν ML δισὶ B   4 κοινῆς om. PpAst   4sq. ἁπάσαις Ast   5 διατοῦτο E   6 malim φυτῶν δὲ ⟨τέσσαρα εἴδη,⟩ τὰ μὲν κτλ.   δὲ pr. om. E   7 δ' E
9 ψυχῆς LF   10 ὑγία P   11 ἀνδρία EB   ἰσχύν LPp   11sq. δικαιωσύνη LNF   12 ὧραι BNFp   14 δ' E   17sq. τοῦ ζώου τοῦ λογικοῦ xpAstBoeckhDiels τοῦ λογικοῦ ζώου E   19 κεφαλὰ xEBoeckh κεφαλὴ pAst ἐγκέφαλος Diels νόω Boeckh   20 ψυχῆς pAstDiels   21 τῶ πρώτω Boeckh   22 καὶ secl. BoeckhDiels καταβολῆς E   23 σαμαίνει add. Diels ἀνθρώπων xEpAst ἀνθρώπω BoeckhDiels ἀνθρώπου Ast in adn.   καρδίαν NF

ζώου, ομφαλός δε ταν φυτού, αίδοιον δε ταν ξυναπάντων· πάντα γαρ από σπέρματος και θάλλοντι και βλαστάνοντι.' ότι ει και πλήθος εν τριάδι πρώτον ώφθη, αλλ' ούν ούτε σωρεία επινοηθήναι άνευ τετράδος δύναται,
5 καθ' ην και η πυραμίς φύσει εν αλληλουχουμένοις λαμβάνει το δυσδιάλυτον σχήμα δυσδιαλύτου σώματος, πλήθους δε επίτασις ο σωρός πως και βιαιότερος ή κατά την τριάδα. αμέλει κατά το Σόλωνος απόφθεγμα το 'τέλος οραν μακρού βίου' δυνατόν εκδέξασθαι παρά τω ποιητή τους μεν έτι ζώντας
10 τρις μόνον επ' ευδαιμονία μακαριζομένους, αδήλου του της μεταπτώσεως και μεταβολής έτι υπάρχοντος, τους δε τεθνεώτας βεβαίως έχοντας το εύδαιμον και μεταβολής εκτός τελειότερον τετράκις· λέγει γαρ επί μεν του ζώντος· 'τρισμάκαρ Ατρείδη' μόνον, επί δε των άριστα μετηλλαχότων 'τρισμά-
15 καρες Δαναοί και τετράκις, οι τότ' όλοντο'. το γαρ κατά φύσιν πλήθος και σωρείαν παρασχείν δυνάμενον τούθ' υπάρχει, είπερ και τελειότητος είδη τέσσαρα ανάλογα και ομοταγή τοις τέτρασι τελείοις αριθμοίς, οι συνίστανται εντός δεκάδος ίσοι κατά πρόβασιν τοις από μονάδος συνεχέσι, μέχρις
20 αν εις τετράδα η προκοπή έλθη. πρώτον μεν γαρ ασύνθετον αυτή η μονάς τελειότητος τρόπον τινά έχουσα εν τω παντ'

---

6 δυσδ. σχήμα cf. Del. p. 172, 17 sq. cf. Herod. I 32
14 sq. Hom. ε 306 cf. Verg. Aen. I 94. Macr. I 6, 44

1 ζώω et φυτώ Boeckh 2 από σπέρματος E om. x edd.
2 sq. θάλλουσι και βλαστάνουσι x edd. θάλλοντι και βλαστάνοντι E
4 σωρία F τριάδος B 5 εναλληλουχουμένοις NFp 7 βιαιότερον xEp corr. Ast in adn. 9 εκδέξασθαι xEpMeurs. ενδέξασθαι Ast Del. p. 122 10 ευδαιμονίαν p 13 γαρ λέγει xEpMeurs. transp. Ast μεν xE om. pAst τρις μάκαρ FAst
14 μετηλαχότων EPp 14 sq. τρις μάκαρες FpAstDel. τρισμάκαρες E ead. m. corr. 15 οίτ' xpMeurs. οί τότ' EAst
17 δ' E 18 τοις yE om. pAst 19 ίσην xpAst ίσοι E καταπρόβασιν Bp από] υπό E απομονάδος P συνεχέσιν pAst
20 sq. ευσυνθέτω μονάδι η αυτή μονάς y εύσυνθέτω E ead. m. corr. άνευ συνθέτω μονάδι η α. μ. Rp άνευ συνθέτω αυτή η μ. Ast qui in adn. coni. ασύνθετον 21 παντ' xE παν τ' pAst

THEOLOGOUMENA ARITHMETICAE 27

ἔχειν δυνάμει ἐν ἑαυτῇ καὶ μηδενὸς προσδεῖσθαι, παρεκτικὴ δὲ ἄλλως καὶ εἰδοποιὸς ὑπάρχει τοῖς ἄλλοις ἅπασι κατὰ πάσας διαφορῶν παραλλαγάς· εἰ γὰρ καὶ ἔστι τι τέλειον εἶδος τὸ τοῖς ἑαυτοῦ μέρεσιν ἴσον, μέρος δὲ ἡ μονὰς οὐκ ἔχει, ὅλη δέ ἐστιν ἑαυτῇ ἴση, τελεία ἂν καὶ αὐτὴ εἴη. | δεύτερον δὲ μονάδι καὶ 22 δυάδι ἴση καὶ συνεχής γε ἐξαιρέτως ἡ τριάς, ἄλλως οὖσα καὶ αὐτὴ τελεία, ὅτι ἀρχὴν καὶ μέσον καὶ τέλος μονωτάτη ἔχει. τρίτον δὲ τὸ ἓν καὶ δύο καὶ τρία οὐκέτι συνεχὴς ἡ ἑξὰς ἴση ὑπάρχει τρόπῳ τινὶ τελεία, τοῖς γὰρ ἑαυτῆς μέρεσιν ἴση πρώτη ὑπάρχει, ἡμίσει τρίτῳ ἕκτῳ. τέταρτον δὲ τὸ α′ β′ γ′ δ′ ἡ 10 δεκάς, πολὺ μᾶλλον οὐ συνεχής, τὴν τελειότητα ἑτέρῳ τινὶ παρὰ τούτους τοὺς τρόπους κεκτημένη· μέτρον γὰρ καὶ τέλειος ὅρος παντὸς αὕτη ἀριθμοῦ, καὶ οὐκέτι μετ' αὐτὴν οὐδὲ εἷς φυσικός, ἀλλὰ πάντες δευτερωδούμενοι καὶ ἐπ' ἄπειρον παλινωδούμενοι κατὰ μετοχὴν αὐτῆς. τετρακτὺς ἄρα τις καὶ ἡ τῶν 15 ἐντὸς δεκάδος τελείων αὕτη διαφορά. μή τι καὶ τούτου χάριν μέγισται μὲν καὶ ὡσανεὶ τελειότεραι περίοδοι τριταῖαί τε καὶ τεταρταῖαι καὶ εὐσημόταται τυγχάνουσι, μείζων δὲ καὶ βεβαιοτέρα καὶ διὰ τοῦτο καὶ δυσαπονιπτοτέρα ἡ τεταρταία διὰ τὴν τοῦ τέσσαρα ἀριθμοῦ ἑδραιότητα πάντα πυραμι⟨δι⟩κῶς κατα- 20

---

3 εἴδους E   4 ἴσον EF   5 ἴσῃ τελείᾳ Pp τέλεια F   αὕτη E
6 συνεχῆ N συνεχῇ F   7 καὶ (post ὅτι) add. B   μέσην xEp corr.
Ast   8 τῶ ἑνὶ ex τὸ ἓν alt. m. corr. E   καὶ (post ἓν) xE om. pAst
οὐκ ἔτι B   9 ὑπάρ$^{x'}$ E ὑπάρχουσα alt. m. correxit, quod in
textum recipiendum pro ὑπάρχει fort. videtur ἑαυτῆς MEPAst
ex ἑαυτοῖς ead. m. corr. LB ἑαυτοῖς NFp   10 τὸ α′] τῶ ἑνὶ
ex τὸ ἓν alt. m. corr. E   12 μέτρον ex μέτρος ead. m. corr.
M μέτρος Pp   13 αὐτὴ E   οὐδεεὶς MLPp οὐδὲ εἷς N οὐδὲ
εἷς B οὐδὲ εἰς F οὐδεὶς Ast   13 sq. φυσικῶς MLPNFpAst φυ-
σικὸς B φυσικῶς$^{o'}$ E ead. m. corr.   14 δευτερωδούμενοι .. πα-
λινωδούμενοι xEp (δευτέρῳ δούμενοι NP; nonnulli autem iota
subscribunt) δευτεροδ.... παλινοδ. Ast: at cf. Iambl. p. 88, 24 sqq.
89, 11. 23. 103, 18 sqq. Nicom. p. 54, 10 (v. et adn.)   15 αὐτοῖς
NF τετρακτὶς NF   17 τε om. F   19 διατοῦτο E   20 δ′ E
ἡδραιότητα LB   πυραμι⟨δι⟩κῶς coni. Steph.: cf. etiam Iambl.
p. 72, 16. 94, 17. 27   20 sq. καταλαμβανομένη F

λαμβανομένην εἰς εὐσταθεῖς βάσεις. διὸ καὶ τὸν Ἡρακλέα τοιοῦτον ἀκλινῆ γεγονότα τετράδι γεγεννῆσθαί φασι. τετράγωνοι δὲ καὶ οἷον οὐκ εὔσειστοι ἐν τῷ καταφρονεῖν κατὰ τὰ αὐτὰ τῷ τοιούτῳ ἀναπλασσομένῳ Ἑρμῇ. ἐπεὶ δὲ μονάδος ἀνὰ
5 μέσον καὶ ἑβδομάδος κυβικῶν χωρίων κυβικὸς ὁ δ΄, εἰκότως, κρισίμου μάλιστα τῆς ἑβδομάδος ἐν τοῖς ἀρρωστήμασιν οὔσης, ἐπιδηλότερον οἱ ἰατροί, καθάπερ Ἱπποκράτης, τὴν τετράδα λέγουσι κοινωνοῦσαν ὁλοσχερέστερόν πως τῇ ἑβδομάδι ἐν τῇ διὰ πάντων ἐνεργείᾳ, εἴτε καὶ ἄλλως συναπτομένη τῇ ἑβδομάδι
10 δεκάδα ἀποτελεῖ τετάρτην κυβικῆς τετάρτης χώρας παρεκτικήν. ὅτι Αἰόλου φύσιν ἐπωνόμαζον τὴν τετράδα τὸ ποικίλον ἐμφαίνοντες τῆς οἰκειότητος. καὶ ὅτι οὐκ ἄνευ ταύτης ἡ καθολικὴ διακόσμησις, διὸ καὶ κλειδοῦχόν τινα τῆς φύσεως αὐτὴν πανταχοῦ ἐπωνόμαζον. τὸν Αἴολον δέ φησιν ἡ ποίησις
23 φορι|κοὺς ἐκπορίζειν ἀνέμους, ὃς καὶ Ἱπποτάδης προσηγο-
16 ρεύθη ἀπὸ τῆς ταχυτῆτος τῶν ἐπιτελούντων αὐτὸν ἄστρων καὶ διὰ τοῦ ἀδιαλείπτου δρόμου· ἔστι γὰρ Αἴολος ὁ ἐνιαυτὸς διὰ τὴν τῶν κατ' αὐτὸν φυομένων ποικιλίαν. πάλιν δὲ Ἡρακλέα παρὰ τὴν αὐτὴν τοῦ ἔτους ἔννοιαν τὴν τετράδα
20 καλοῦσι, χρονιότητος οὖσαν παρεκτικήν, εἴπερ ⟨δ΄⟩ αἰὼν χρόνος καιρὸς ὥρα, ἔτι ⟨ἔτος⟩ μὴν [ὥρα] νὺξ ⟨ἡμέρα, καὶ⟩ ὅρ-

---

1 cf. Zenob. VI 7   5 cf. Hierocl. F. Ph. Gr. I 465   7 Hipp. Aphor. III 774 Kühn   11 Αἰόλου φύσιν Ph.   13 κλειδ. τῆς φύσεως Ph.   14 ἡ ποίησις cf. Hom. κ 21 sq.   17 sq. cf. Heracl. all. hom. 71   19 Ἡρακλέα Ph. Lyd. IV 67 cf. Lobeck Aglaoph. 431 sq.

2 τοιοῦτον 'ita, tam': cf. Synes. ep. 69 (Migne 66, 1433 B) γεγενῆσθαι MLBE γεγεννῆσθαι NF γεννῆσθαι Pp Ast   φασιν MLPpAst 2sq. τετράγωνι NF   3 οὐον N   4 ἑρμεῖ NF ἑρμῇ ex ἑρμεῖ ead. m. corr. B   4sq. ἀναμέσον NF   5 κυβικὸν χωρίον NF ὁ δ'] ἡ τετρὰς Meurs.   6 ἀρωστήμασιν BNF   7 ἐπὶ δηλότερον EF τήν] τε B   τετράδα] τετάρτην E   11 κατωνόμαζον MLPpAst κατ' ὠνόμαζον NF κατ' ὀνόμαζον B ἐπωνόμαζον E   τὴν om. F   13 κλειδούχον F   14 ἐπωνόμαζον NF   αἰόλον B   15 σφαιρικοὺς xpAst φορικοὺς E   ὃς MLNFE ex ὡς ead. m. corr. B ὡς PpAst
16 ταχυτῆτος F ταχύτητος pAst   17 ὁ (post γὰρ) add. et postea del. ead. m. N   18 αὐτὴν P   20 οὖσα P   δ΄ add. Heiberg
21 ἔτος μὴν ἡμέρα νὺξ coni. Del. p. 139: cetera seclusi vel addidi: cf. supra p. 24, 15 sqq.

θρος μεσημβρία εσπέρα νύξ. ὅτι τετράδα κατ' ἐναλλαγὴν τοῦ
$\overline{λ}$ πρὸς τὸ $\overline{ρ}$ τετλάδα νομίζουσιν εἰρῆσθαι τὴν ὑπομείνασαν,
καθάπερ ἡ αὐτῆς πλευρὰ τὴν πρώτην ἀπὸ μονάδος ἀπόστα-
σιν· τὰς γὰρ πάσας ἀποστάσεις ἤτοι τὰς τρεῖς ὑπέστη, ὧν πε-
ραιτέρω οὐκέτι εἰσίν. ἐτίμων δὲ αὐτὴν οἱ Πυθαγόρειοι ὡς δε- 5
κάδος γεννητικήν. καλεῖται δὲ αὐτή, ὥς φησιν ὁ Ἀνατόλιος,
δικαιοσύνη, ἐπεὶ τὸ τετράγωνον τὸ ἀπ' αὐτῆς, τουτέστι τὸ
ἐμβαδόν, τῇ περιμέτρῳ ἴσον· τῶν μὲν γὰρ πρὸ αὐτῆς ἡ περί-
μετρος τοῦ ἐμβαδοῦ τοῦ τετραγώνου μείζων, τῶν δὲ μετ' αὐτὴν
ἡ περίμετρος τοῦ ἐμβαδοῦ ἐλάττων, ἐπ' αὐτῆς δὲ ἴση. πρώτη 10
ἡ τετρὰς ἔδειξε τὴν τοῦ στερεοῦ φύσιν· σημεῖον γάρ, εἶτα
γραμμή, εἶτα ἐπιφάνεια, εἶτα στερεόν, ὅ τι σῶμα. πρῶτος ἀρ-
τιάκις ἄρτιος, πρῶτος ἐπίτριτος τῆς πρώτης ἁρμονίας τῆς διὰ
τεσσάρων, ἴσα πάντα ἐπ' αὐτοῦ, ἐμβαδὸν γωνίαι πλευραί.
κλίματα τέσσαρα, σημεῖα τέσσαρα, ἀνατολικὸν δυτικὸν με- 15
σουράνημα ὑπὸ γῆν καὶ ὑπὲρ γῆν· ἄνεμοι οἱ πρῶτοι δ'.

7—p. 30, 15 = An. p. 31, 22—32, 28   7 δικαιοσύνη cf. Arist.
met. A 5 p. 985 b 26sqq.   Alex. Aphr. ad loc. Philo de op. m.
16 de plant. Noe 28. Del. p. 168, 2 etc.   11sq. cf. Lyd.
IV 64. Philo de op. m. 16. 32. de vita Mos. III 11. quaest. in
Exod. II 93. Pythag. ap. Procl. in Tim. 223 E. 340 A.   Anon.
ap. Tannery ed. Dioph. II 74. Sext. Emp. pyrrh. hyp. III 154
adv. math. III 19. IV 4sq. X 278sq. 282. Theo p. 96, 3sq. 97, 2.
18sq. 99, 1sq.   Hippol. adv. haer. VI 2, 23.   Plut. de εἰ ap.
Delph. 13, 390D.   Ambros. Migne PL 17, 12A.   Hierocl. FPhG.
I 465. Del. p. 168, 8 etc.

---

1 κατ'] τ' LBNF   2 λαμδα NF   πρὸς τοῦ χρ πρὸς τὸ E
καὶ τοῦ Ast   3 αὑτῆς] ἑαυτῆς NF   4 γ' E   ἀπέστη xpAst
ὑπέστη ex ἀπέστη alt. m. corr. E   5 πυθαγόριοι NF   5sq. δε-
γάδος N   6 αὕτη xEp corr. Ast   8 ἴσον NF   8sq. περίμετρος γE
An. παράμετρος PpAst   9 τοῦ alt. om. E   μεῖζον An.   10 ἴσα x
ἴσα^{ην} E corr. ab ead. m. ἴσα p corr. Ast   14 ἴσα E   ἐμβαδὸν
xEAn. ἐμβαδῶν pAst   15 δ' utrob. E   fort. leg. ⟨ἀνατολὴ
δύσις ἄρκτος μεσημβρία⟩, σημεῖα ut praebet An.   δῦνον MLB
PpAst δύνον E δυτικὸν NFAn.   15sq. μεσουράνη NF
16 ὑπογῆν et ὑπεργῆν P καὶ ὑπὲρ γῆν om. E ὑπὸ γῆν κ. ὑ. γ.
om. An.   οἱ πρῶτοι E om. xpAst πρῶτοι An.   δ' EAn. τέσ-
σαρες xpAst

ἄλλοι τὰ ὅλα διακοσμηθῆναί φασιν ἐκ τεσσάρων, οὐσίας σχήματος εἴδους λόγου. οὐ μόνον δὲ τὸν τοῦ σώματος ἐπέχει λόγον τετράς, ἀλλὰ καὶ τὸν τῆς ψυχῆς· ὡς γὰρ τὸν ὅλον κόσμον φασὶ κατὰ ἁρμονίαν διοικεῖσθαι, οὕτω καὶ τὸ ζῶον ψυ-
5 χοῦσθαι. δοκεῖ δὲ καὶ τελεία ἁρμονία ἐν τρισὶ συμφωνίαις ὑφεστάναι, τῇ διὰ τεσσάρων, ἥτις ἐν ἐπιτρίτῳ κεῖται λόγῳ, τῇ διὰ πέντε ἐν ἡμιολίῳ, τῇ διὰ πασῶν ἐν διπλασίῳ. ὄντων
24 δὲ | ἀριθμῶν τεσσάρων τῶν πρώτων α' β' γ' δ', ἐν τούτοις καὶ ἡ τῆς ψυχῆς ἰδέα περιέχεται κατὰ τὸν ἐναρμόνιον λόγον·
10 ὁ μὲν γὰρ [τοῦ] δ' τοῦ β' καὶ ὁ β' τοῦ α' διπλάσιος, ἐν ᾧ κεῖται ἡ διὰ πασῶν συμφωνία, ὁ δὲ γ' τοῦ β' ἡμιόλιος περιέχων αὐτὸν καὶ τὸ ἥμισυ, ἐν ᾧ ἡ διὰ πέντε συμφωνία, ὁ δὲ δ' τοῦ γ' ἐπίτριτος, ἐν ᾧ ἡ διὰ τεσσάρων συμφωνία. εἰ δὲ ἐν τῷ δ' ἀριθμῷ τὸ πᾶν κεῖται ἐκ ψυχῆς καὶ σώματος, ἀλη-
15 θὲς ἄρα καί, ὅτι αἱ συμφωνίαι πᾶσαι κατ' αὐτὸν τελοῦνται.

V   περὶ πεντάδος. Ἀνατολίου.

Ὅτι ἡ πεντὰς πρώτη περιέλαβε τὸ τοῦ παντὸς ἀριθμοῦ εἶδος, ἤτοι τὸν β' τὸν πρῶτον ἄρτιον καὶ τὸν γ' τὸν πρῶτον περιττόν· διὸ καὶ γάμος καλεῖται ὡς ἐξ ἄρρενος καὶ θήλεος.

---

3 sq. cf. Lyd. IV 41. Theo p. 139, 11 sq. 17—p. 31, 16 = An. p. 33, 2—34, 4 17 sq. = Theo p. 102, 1 sq. 18 sq. cf. Lyd. IV 76. Mart. Cap. VII 735 19 γάμος cf. Arist. met. 985 b 26. Alex. Aphr. et Asclep. ad loc. Plut. qu. rom. 264 A de εἰ ap. D. 8, 388 A. Anon. ap. Tannery ed. Dioph. II 75. Del. p. 168, 11

1 φασὶ διακ. F ead. m. transp. N   φασὶ E   διὰ δ' An. οὐσίαν p   2 τὸν om. B   4 ἁρμονίας LBNFAn. (v. adn.) 6 διατεσσάρων P   ἐνεπιτρίτῳ B   ἐν ἐπὶ τρίτῳ p   9 τῶν p   ἁρμόνιον B   10 τοῦ xp om. EAn.Ast   α' xEAn.   πρώτου pAst διπλασίων xp Ast   διπλάσιος EAn.   11 ἡμιό̄ E   12 ἐν ᾧ ἡ διὰ πέντε συμφωνία om. E   13 τρίτου xpAst   γ' EAn. 15 τελειοῦνται xpAst τελοῦνται EAn.   16 περὶ πεντάδος bis F om. E ἀνατολίου solus E praebet om. xpAst   18 τῶν β' p δύο Meurs.   γ'] τρία BE Meurs.   19 ἄρενος F   θήλεῶς NF ead. m. corr.

κέντρον ἐστὶ τῆς δεκάδος. τετραγωνιζομένη ἀεὶ περιέχει ἑαυτήν, πεντάκις γὰρ πέντε κε'· μηκυνομένη δὲ αὕτη καὶ τὸν τετράγωνον ὅλον περιέχει καὶ λήγει εἰς ἑαυτήν, πεντάκις γὰρ κε' ρκε'. σχήματα στερεὰ ἰσόπλευρα καὶ ἰσογώνια πέντε, τετράεδρον, ὅ ἐστι πυραμίς, ὀκτάεδρον, εἰκοσάεδρον, κύβος, δωδεκάεδρον· τὸ μὲν πυρὸς σχῆμά φησιν ὁ Πλάτων, τὸ δὲ ἀέρος, τὸ δὲ ὕδατος, τὸ δὲ γῆς, τὸ δὲ παντός. ὅτι οἱ πλανώμενοι πέντε ἐκτὸς ἡλίου καὶ σελήνης. τὸ ἀπὸ τοῦ ε' πρῶτον τετράγωνον ἴσον δυσὶ τετραγώνοις τῷ τε ἀπὸ τῶν τριῶν καὶ τῷ ἀπὸ τῶν δ'. λέγεται τετράχορδος ἐκ πρώτου ἀρτίου εἶναι καὶ πρώτου περισσοῦ, κατὰ τὸν ε' νοεῖται συμφωνία γεωμετρική. ἔτι, ἂν καθ' ὁποιανοῦν σύνθεσιν τὸν δέκα συνθῇς, μέσος εὑρεθήσεται ὁ ε' κατὰ τὴν ἀριθμητικὴν ἀναλογίαν, οἷον θ' καὶ α', η' καὶ β', ζ' καὶ γ', ϛ' καὶ δ'· ἐξ ἑκάστης γὰρ συνθέσεως ὁ ι' ἀποτελεῖται καὶ μέσος εὑρίσκεται ὁ ε' κατὰ τὴν ἀριθμητικὴν ἀναλογίαν, ὡς δηλοῖ τὸ διάγραμμα. ὅτι ἡ πεντὰς πρώτη μεσότητος τῆς ἀρίστης καὶ φυσικωτάτης ἐμφαντικὴ κατὰ διάζευξιν | ἀμφοτέροις πέρασι τοῦ φυσικοῦ ἀριθμοῦ, μονάδι μὲν ὡς ἀρχῇ, δεκάδι δὲ ὡς τέλει, συνεζευγμένη τῇ δυάδι,

---

1 κέντρον cf. Theo p. 101, 14 Lyd. II 10   6 πυρὸς σχῆμα cf. Chalc. p. 85, 22   Πλάτων Tim. 55 sq. cf. [Tim. Locr.] 98 B. Plut. de or. def. 427 A 428 CE. plat. qu. 1003 BC. Theo p. 97, 14 sq. 99, 3. Phil. 32 A 15 Diels³ etc.   7 sq. cf. Lyd. II 10   12—16 = Theo p. 101, 14 sqq. cf. Iambl. p. 17, 4 sqq.   16—19 = Ph.

---

2 αὕτη xE αὐτὴ pAst   3 ἑαυτὴν] ἐN ε̄ F   4 κε'] εἰκοπέντε B   ἰσόγωνα xEpAst ἰσογώνια scripsi: cf. An. ε' E   5 sq. δωδεκάεδρον om. xpAst (at cf. adn.) δωδεκάεδρον· κύβος E transposui   7 δὲ pr. PpAn.Ast δ' yE ὅτι] fort. ἔτι cf. An. 8 πέντε om. F ε' E   9 ἴσον E γ' xpAst τριῶν EAn.   10 δ'] δύο E   10—11 (λέγεται .. περισσοῦ) non intellego   11 μετὰ xpAst κατὰ EAn. νοῆται p   12 ἂν solus E praebet om. xp Ast ἐὰν An. Theo σύνεσιν B συνθέσεις xp συνθεὶς E συνθήσεις Ast συνθῇς scripsi cll. An. et Theone   13 ἐννέα B   14 η'] ἢ B   15 εὑρίσκεται solus E praebet om. x (sp. relicto) pAst εὑρεθήσεται An.Theo   16 διάγραμμα exhibent An.Theo 17 φυσικότητος xp[E] corr. Ast cl. Ph.   17 ἐμφατικὴ Ph. 18 πέρας xp[E] corr. Ast cl. Ph.

ὥσπερ γὰρ ἓν πρὸς β', οὕτω ε' πρὸς ι', καὶ ἀνάπαλιν ὡς ι' πρὸς ε', οὕτω β' πρὸς α', παραλλάξ τε, ὡς ι' πρὸς β', ε' πρὸς α' καὶ ὡς β' πρὸς ι', α' πρὸς ε'· τό τε ὑπὸ τῶν ἄκρων ἴσον τῷ ὑπὸ τῶν μέσων ἀκολούθως τῇ γεωμετρικῇ ἀναλογίᾳ· τὸ γὰρ δὶς ε' ἴσον τῷ ἅπαξ ι'. [ὅτι δὲ ἄρχεται μὲν ἀπὸ μονάδος, τελειοῦται δὲ ὁ ἀριθμὸς εἰς δέκα, λεχθήσεται προιοῦσιν.] ἀντιπεπονθότως ἄρα τὸν τοῦ ἡμίσους λόγον ἐν πρωτίστῃ τῇ πεντάδι πρὸς τὸ μεῖζον ἄκρον ἔχομεν ἰδεῖν, καθάπερ ἐν τῇ δυάδι πρὸς τὸ ἔλαττον· διπλάσια μὲν γὰρ τοῦ α' τὰ β', ἡμίσεα δὲ τοῦ ι' τὰ ε'. διόπερ μάλιστα συλληπτικὴ τῶν ἐν κοσμικῇ φύσει φαινομένων. ὅτι ἄρα κατὰ μὲν τὴν δεκάδα ὁ πᾶς κόσμος ἠνύσθαι καὶ κατακεκλεῖσθαι ἐφάνη, πολλάκις ἡμῖν λόγος, κατὰ δὲ τὴν μονάδα ἐρριζῶσθαι, καὶ κίνησιν μὲν κατὰ δυάδα ἐσχηκέναι, φύσιν δὲ ζωότητος κατὰ πεντάδα, οὖσαν ἄλλως καὶ προσεχεστάτως καὶ μόνον μέρος τῆς δεκάδος, εἴπερ αὐτῇ μὲν τὸ ἀντίζυγον ἀναγκαίως ἀκολουθεῖ, τὸ δὲ ὁμώνυμον τῇ δυάδι. πέντε οὖν καὶ τὰ καθόλου στοιχεῖα τοῦ παντός, γῆ ὕδωρ ἀὴρ πῦρ αἰθήρ. πέντε δὲ καὶ τὰ τούτων σχήματα, τετράεδρον ἑξάεδρον ὀκτάεδρον δωδεκάεδρον εἰκοσάεδρον, ὧν ἡ συγκορύφωσις πάλιν τῶν βάσεων εἰς τὸν πεντάδος διπλασιάζεται λόγον. πέντε δὲ καὶ οἱ παράλληλοι κατὰ τὸν οὐρανὸν κύκλοι, ἰσημερινὸς καὶ οἱ παρ' ἑκάτερα τούτου τροπικοί, θερινὸς καὶ χειμερινός,

---

10—13, 14 sq., 18 sq. = Ph.   21 cf. An. p. 33, 16 sq.   Theo p. 131. Lyd. II 10. Philo de op. m. 38. quis rer. div. heres 29. Favon. p. 5, 25 sq. Censor. nat. inst. 2, 1 sq. (p. 56 H.) etc.

1 γὰρ solus E praebet om. x (sp. relicto) pAst   δύο xpAst   β' E πέντε BFE   δέκα MLBPpAst ι' NFE   2 β' pr.] δύο B ἓν BE ἐναλλάξ xpAst παραλλάξ E πέντε BN   3 ἓν EBNF τῷ τε ex τό τε ead. m. corr. E τότε p   3 sq. ἴσω τὸ ex ἴσον τῷ ead. m. corr. E   5 πέντε NFB ἴσον E   5—6 seclusi quippe quod redundans et glossema   6 ι' xpAst δέκα E   7 ἡ x om. E ᾗ p τὸν corr. Ast   λόγον xEp corr. Ast   8 ἔσχομεν x ἔχομεν EpAst   9 γὰρ om. E   ᾗ β' E τὰ δύο B ἡμίσεια E   10 ἡ ε' E   11 φαινομαίνων F κοσμικὸς xEp   12 ἠνίσθαι E ὁ πᾶς κόσμος ἤννυσται καὶ κατακέκλεισται corr. Ast   13 ἐριζῶσθαι E 14 ἄλλων Ast   15 αὐτὴ p   16 ἀκολουθῇ p   διάδι B 18 ε' E   19 εἰκοσάεδρον om. N   20 ε' E

THEOLOGOUMENA ARITHMETICAE 33

ἀλλήλοις μὲν ἴσοι, δεύτεροι δὲ τῇ τοῦ μεγέθους συμμετρίᾳ, καὶ οἱ τούτων ἐφ᾽ ἑκατέρωθεν τὸ ἔξαρμα καὶ τὸ ἀντέξαρμα ὁρίζοντες, ἀρκτικός τε καὶ ἀνταρκτικός, μικρότατοι μὲν τῷ μεγέθει, ἀλλήλοις μέντοι καὶ αὐτοὶ ἴσοι. ὧν ἀναλόγως τῇ θέσει πέντε καὶ ἐπὶ γῆς ζῶναι ἐπινοοῦνται, κεκαυμένη μὲν 5 ἰσημερινῷ, εὔκρατοι δὲ δύο τροπικοῖς δυσίν, ἴσαι δὲ αἱ ⟨δύο⟩ ἀοίκητοι | ὑπὸ κρύους τῶν παρ᾽ ἑκάτερα πόλων. πέντε δὲ 26 μόνοι ἐκτὸς ἡλίου καὶ σελήνης οἱ πλάνητες ἀστέρες ὑπάρχουσι. καὶ σελήνης φάσεις ὡς ἐπίπαν τοσαῦται, διχότομοι δύο, ἀμφίκυρτοι δύο, πλησίφως μία. τινὲς δὲ ἀκριβέστερον ἀντὶ τῶν 10 δύο διχοτόμων μηνοειδεῖς δύο τάσσουσι τῷ ἀριθμῷ τῶν φάσεων· τὸ γὰρ διχότομον οὐχ ὡς ἀληθῶς συμβαίνειν τῇ σελήνῃ τότε, ὅτε νομίζεται, ἀλλὰ μόνον φαίνεσθαι, κατὰ γραμμικὴν δὲ ἀπόδειξιν πλεῖον δεῖ πάντως εἶναι τοῦ φαινομένου τὸ πεφωτισμένον, ἔλαττον δὲ τὸ ἀφώτιστον, εἴπερ τῆς ἡλιακῆς σφαίρας 15 μικροτέρα ἡ σεληνιακή, τῆς δὲ τοιαύτης πλέον ἀεὶ τοῦ ἡμίσους λάμπεται, ἵνα καὶ τὸ ἀπορρέον αὐτῆς σκίασμα κωνοειδὲς ἀποτελῆται, τὸ δὲ ἐπὶ θάτερα ἀντεκβαλλόμενον ἐπ᾽ εὐθὺ τῶν τοῦ κώνου εὐθειῶν καλαθοειδὲς σχῆμα ᾖ· κοινὴν δὲ ἀμφοῖν βάσιν ἡ τὸ πεφωτισμένον καὶ ἀφώτιστον διορίζουσα κυκλικὴ 20 γραμμὴ περιγράφει. πέντε δὲ καὶ τῶν τὰ κοσμικὰ κέντρα ἀποτελουσῶν εὐθειῶν ψαύσεις· δῆλον γάρ, ὅτι διάμετροί εἰσιν αὗται δύο, αἵπερ καὶ μέγισται, πρὸς ὀρθὰς ἀλλήλας τέμνουσαι·

---

5 sq. cf. An. p. 33, 17 sq. Lyd. II 10. Mart. Cap. VI 602. VII 735. Isidor. Migne PL 83, 184. Censor. l. l. etc.

1 ἴσοι E τοῦ] τούτου F 2 οἱ y E om. Pp Ast ἐφεκατέρωθεν E 3 σμικρότατοι x p Ast μικρότατοι E 4 ἴσοι E 5 ἐπινοοῦνται E καυμένη B ἡ post μὲν add. N 6 ἰσημερινῇ MLBP -νή NFE Ast -νῷ scripsi, sc. ἀναλόγως ἴσαι γὰρ (om. δὲ) E αἱ om. NF δύο addidi 7 ἀοίκοι F 7—8 πέντε...ὑπάρχουσι solus E praebet: cf. supra p. 31, 7 sq. 7 δ᾽ E πέντε scripsi 8 καὶ post σελήνης E, transposui 9—10 utrob. β´ E πλησιραής legi vult Ast, sine iusta causa ut videtur 11 δύο alt] β´ E 12 διχόμον B τό τε MLNF 13 καταγραμμικὴν NF 14 δεῖ x E δή p Ast 15 ὑλιακῆς B 16 σμικροτέρα E 18 ἀποτελεῖται F ἀποτελῆται (ex ἀποτελεῖται ead. m. corr.) ME ἐπιθάτερα L 20 ᾖ MLNBP ἢ F ἡ Ep Ast 22 φάσεις B 23 β´ E οἵπερ y

34   IAMBLICHI

έαυτῶν οὖν καὶ τῆς οὐρανίας σφαίρας πενταχῆ ψαύουσι, καὶ
ἑαυτῶν μὲν κατὰ κοσμικὸν κέντρον, τῆς δὲ σφαίρας κατὰ ταῦτα
τὰ ὀνομασθέντα κέντρα. αἰσθητήρια τὰ τῶν τελειοτέρων ἤδη
ζώων τοσαῦτα, κατὰ συγγένειαν καὶ ὁμοίαν τάξιν καὶ ὑπόβασιν
5 τοῖς στοιχείοις. ἡ δὲ φύσις διὰ τοῦτο πενταχῆ τῶν ἡμετέρων
μερῶν ἕκαστα κατὰ τὰ ἄκρα διέκρινε, ποδῶν λέγω καὶ χειρῶν,
εἰς δακτύλους. πέντε δὲ καὶ σπλάγχνων εἴδη, νεφροὶ πνεύμων
ἧπαρ σπλὴν καρδία. πέντε δὲ καὶ τῶν κατ' ἐπιφάνειαν
ὁλοσχερῶς ὁρωμένων μορίων εἴδη, κεφαλὴ χεῖρες θώραξ αἰδοῖα
10 πόδες. πέντε δὲ καὶ ζώων γένη, ἐμπύρων ἐναερίων ἐγγείων
ἐνύδρων ἀμφιβίων. ὅτι καὶ ἀνεικίαν προσηγόρευον τὴν
πεντάδα, οὐ μόνον ἐπειδὴ τὸ πέμπτον καὶ κατ' αὐτὸ τεταγμένον
στοιχεῖον ὁ αἰθὴρ κατὰ ταὐτὰ καὶ ὡσαύτως ἔχον διατελεῖ,
27 νείκους καὶ μεταβολῆς ἐν τοῖς ὑπ' αὐτὸν | ὑπαρχόντων ἀπὸ
15 σελήνης μεχρὶ γῆς, ἀλλ' ὅτι τὰ πρώτιστα διαφέροντα καὶ οὐχ
ὅμοια τοῦ ἀριθμοῦ δύο εἴδη, ἄρτιον καὶ περιττόν, αὐτὸς ὡσ-
ανεὶ ἐφίλωσε καὶ συνήρτησε σύστημα τῆς αὐτῶν γενόμενος
συνόδου, καθάπερ καὶ ὁ αἰθὴρ ἑαυτοῦ τε φίλος διατελεῖ
σχήματι καὶ οὐσίᾳ καὶ τοῖς ὁμοίοις τοῖς τε ἄλλοις ἅπασι
20 τοῦ τοιούτου παρεκτικὸς εὑρίσκεται, παντοίαν περὶ τὰς δύο
ἀρχὰς ἐπιδεδειγμένοις ἐναντιότητα. διὰ τοῦτο καὶ Μέγιλ-
λος ἐν τῷ Περὶ ἀριθμῶν οὕτως αὐτὴν σεμνύνων φησίν·

---

3 αἰσθητήρια cf. Clem. Al. strom. VI 16, 134, 2   11 ἀνει-
κίαν Ph. Asclep. in met. p. 65, 18. Alex. Aphr. p. 75, 27 Hayd.

1 πολλαχῆ xEpAst πενταχῆ Heiberg ψαύουσιν MLNF
3 ὠνομασθέντα F   6 κατὰ] τὰ B τὰ om. NF[E] διέκρινεν F
11 ἐνύρων F ἀνοικείαν MLBN δινεικείαν ex ἀνοικείαν ead. m.
corr. F ἀνεικίαν ex ἀνεικείαν ead. m. corr. E ἀνοικίαν P ἀνοι-
κείας p προσηγόρευον ME (ex προσαγόρευον ead. m. corr. M)
προσαγόρευον LBP προσαγορεῦον NF   12sq. τεταγμένων στοι-
χείων NF   13 κατ' αὐτὰ LNF ἔχοντα xEp ἔχων Meurs.Ast
ἔχον scripsi   14 ὑπάρχουσιν xEpMeurs. corr. Ast   17 ἐφιλίωσεν
y ἐφιλίωσε PpAst ἐφίλωσε E   συνήρτησεν Fp γενομένης E
19 ὁμοίοις yE ὁμοίως PpAst ὁμοίως τοῖς [τε] ἄλλοις vel τοῖς γε
ἄλ. mavult Ast   21 ἐπιδεδειγμένος xpAst ἐπιδεδειγμένοις E
διατοῦτο E   21sq. μέγγιλος F   22 φυσίν N

ἁ δὲ πεντὰς ἀλλοίωσις, φάος, ἀνεικία· ἀλλοίωσις μέν, ὅτι τριχᾶ διαστὰν ἐς ταυτότητα τῆς σφαίρας ἤμειψε, κυκλικῶς κινήσασα καὶ φάος ἐνεργασαμένη, διόπερ καὶ φάος· ἀνεικία δὲ παρὰ τὴν πάντων προδιεστώτων σύστασιν καὶ ἕνωσιν καὶ διὰ τὴν τῶν δύο εἰδέων σύνοδον καὶ φίλωσιν.᾿ ὅτι τῆς δικαιοσύνης ἐμφαντικωτάτη ἡ πεντάς, δικαιοσύνη δὲ πασῶν τῶν ἀρετῶν περιεκτική· ἡ γὰρ τὸ προσῆκον ἀποδιδοῦσα ἑκάστῃ καὶ τὴν ἐν τῇ ψυχῇ ἰσότητα κρατύνουσα αὕτη ἂν εἴη, ἰσότης δὲ ψυχῆς περὶ τὸ λογικὸν μόνον, ἀνισότης δὲ περὶ τὸ ἄλογον, ὑπεῖκον δὲ καὶ πειθόμενον τῷ λόγῳ. ἀλλὰ τὸ μὲν ἴσον ἀποίκιλον (ἑνὶ γὰρ τρόπῳ ἴσον), τὸ δὲ ἄνισον ποικιλώτατον (κατὰ πολλοὺς γὰρ τρόπους ἄνισον), καὶ τά γε πρώτιστα αὐτοῦ εἴδη δύο ἐστί, μεῖζόν τε καὶ ἔλαττον· καὶ τῆς ψυχῆς ἄρα τὸ μὲν ἴσον ἔσται, τὸ δὲ ἄνισον, ἴσον μὲν τὸ θεῖον καὶ λογικόν, ἄνισον δὲ τὸ θνητόν τε καὶ ἄλογον, αὐτοῦ δὲ τούτου μεῖζον μὲν τὸ θυμοειδές (ὑπέρξεσις γάρ ἐστι καὶ ὥσπερ ἀποθέσεως τοῦ περιττεύοντος ἔφεσις), ἔλαττον δὲ τὸ ἐπιθυμητικόν (ἐνδεὲς γὰρ τῇ τοῦ ἐλλείποντος ὀρέξει), ἀλλ᾿ ὑπὸ τοῦ λογικοῦ κρατηθέντα πάντα καὶ ἰσότητος δι᾿ αὐτὸ μετασχόντα ἀρετὰς κτᾶται, τὸ μὲν θυμοειδὲς ἀνδρείαν, τὸ δὲ ἐπιθυμητικὸν σω-

---

1 ἀλλοίωσις, φάος Ph. 3 κυκλ. κιν. cf. Ph. (κυκλιοῦχος) Lyd. II 10. Del. p. 173, 24 etc. 6 δικαιοσύνης Ph. Asclep. in met. p. 34, 17. 35, 35. 36, 1. 65, 18. Alex. Aphr. p. 741, 5 Hayd.

1 ἁ yE αἱ P ἡ pAst ἀνοικία MLBPN (ex ἀνοικεία ead. m. corr. N) ἀνοικεία F ἀνεικία E δικαιοσύνη post ἀνεικία add. Meurs. 2 τριχῇ EBPNFpAst τριχᾶ M τριχῶ L διαστατὸν xpAst διαστὰν E εἰς Ast 3 ἤμειψεν F 4 ἀνοικεία NF ἀνεικία ex ἀνοικεία alt. m. corr. P τὴν om. E 4 sq προδιεστώτων om. NF 5 sq. malim δύο ⟨τοῦ ἀριθμοῦ⟩ εἰδ. 6 εἰδέων x εἰδεῶν Meurs. εἰδῶν EAst (ex εἰδέων ead. m. corr. E) ⟨δικαιοσύνη δὲ⟩ ὅτι legi vult Meurs. 7 ἡ om. E 9 τῇ om. E κρατύννουσα NF κρατίνουσα p 10 ὑπεῖκων p 11 sq. ἴσον utrob. E 13 καὶ τά] κατὰ F 14 verba καὶ τῆς ψυχῆς ἄρα μεῖζον τε καὶ ἔλαττον (post ἔλαττον) ead. m. add. simulque del. B 15 ἴσον utrob. E ἄνισον B τὸ alt. EP (ex τὸν alt. m. corr. P) τὸν y 17 ὑπέρξεσις p 18 ἐπιθυμητὸν B 19 τῇ om. F ἐλείποντος B 21 ἀνδρίαν E

φροσύνην. εἴ τις τοίνυν ἀριθμὸς ἰσάκις ἴσος ἐστίν, οὗτος δι|-
καιοσύνης εἰδοποιὸς καὶ ἐπιδεκτικὸς ἂν εἴη. πᾶς δὲ τετράγωνος
ἰσάκις ἴσος ὑπάρχει, ἀλλ᾽ οὐ πᾶς μεσότητος δεκτικός, ἀλλὰ
μόνος δηλονότι, ὃς ἂν περισσὸς ᾖ· καθόλου γὰρ ἀρτίου ἀριθμοῦ
μεσότης οὐ φαίνεται· περισσῶν δὲ προσεχέστατος καὶ οἰκειό-
τατος ἂν εἴη ὁ πυθμήν, εἰ καὶ τῶν αὐτοῦ λόγων ἐπιδεκτικοὶ
οἱ μετ᾽ αὐτόν. ἐπιστημονικαὶ δὲ καὶ φιλόσοφοι ἀποδείξεις ἀεὶ
τοῖς πυθμέσιν ἐλαχίστοις ἔτι καὶ εὐ⟨λογίστοις καὶ εὐ⟩πίστοις
ἐπιχρῶνται καὶ ἐνορῶσιν αὐτοῖς ὡς ἐν παραδείγμασί τισι
τὰ ὁμοιότατα τῶν ὁμογενῶν, οἷον διπλασίων μὲν ἀπείρων
φύσει ὄντων ἐν δυάδι μᾶλλον πρὸς μονάδα, ἡμιολίων δὲ ἐν
τριάδι πρὸς δυάδα· ὥστε ἡ τῆς δικαιοσύνης ἔννοια καὶ φύσις
ἐν ἰσάκις ἴσῳ δεικνυμένη ἀριθμῷ, τουτέστιν ἐν τετραγώνῳ, ἐν
ἀρτίῳ μὲν οὐκ ὀρθῶς δειχθείη ⟨ἂν⟩ μεσότητος ἀμοιροῦντι,
ἀλλ᾽ ἐν περισσῷ δηλονότι καὶ τῶν περισσῶν ἐν πυθμενικωτάτῳ
καὶ οἱονεὶ σπέρματι τῶν ἄλλων διὰ τὸ ἐπιστημονικόν· ἐν ἄρα
πρωτίστῳ τῷ θ´· οὗτος γὰρ καὶ ἀπὸ πρώτου περισσοῦ ἀριθμοῦ
τοῦ γ´ πυθμὴν τετράγωνος συνίσταται τρὶς γ´ ὤν, πλευρικοῦ
μεσότητα πρώτου ἔχοντος, τετράγωνος καὶ αὐτὸς μεσότητα
πρῶτος ἔχων. τούτοις ἄρα ἐπιχειρητέον ἁρμόζειν τὸν περὶ

---

17 θ´ cf. Del. p. 168, 9   20—p. 39, 24 cf. Iambl. p. 16, 14—20, 4

---

1 et 3 ἴσος E   οὗτος xE   οὕτως pAst   4 ᾖ yE εἴη PpAst
5 περισσὸν xpAst περισσῶν E   6 sq. ἐπιδεκτικοὶ οἱ yE ἐπιδεκ-
τικὸς οἱ P ἐπιδεκτικὸς ὁ pAst   8 ἔτι? εὐ... πόστοις y εὐ...
ποστοῖς P εὐ... πίστοις E omnes codd. lacunam praebent vi-
ginti fere vel decem (F) vel septem (E) litterarum. ἂν... πο-
στοις p ἁπλουστάτοις suppl. Ast εὐ⟨λογίστοις καὶ εὐ⟩πίστοις sup-
plevi post ποστοις perperam lacunam signat Ast   9 ἐπι-
χρῶντα MLBPNp (ex ἐπιχρῶνται ead. m. corr. NB)   ἐν ante
αὐτοῖς add. Ast   10 ὁμοιω/// E (litterae τατα tineis pessumda-
tae) ἀπέρων F   13 τουτέστιν ἐν τετραγώνω yE τουτέστι, ἐν
τῇ τετραγώνων PpAst   14 ἂν add. Ast   ἀμοιροῦντι xpAst
εὐμοιροῦντι E   15 περιττῶ et περιττῶν xpAst περισσῶ et
περισσῶν E   πυθμενικοτάτω p   18 γ´ alt. E τρία xpAst
πλευρισμοῦ xpAst πλευρικοῦ E sc. τοῦ γ´   19 μεσότητος xp
μεσότητα EAst πρῶτον xEAst πρώτου Heiberg   20 ἐπὶ χει-
ρητέον F

δικαιοσύνης λόγον ἀκολούθως τῷ Πυθαγορικῷ περὶ δικαιοσύνης ὅρῳ, ὅς ἐστι· 'δύναμις ἀποδόσεως τοῦ ἴσου ⟨καὶ⟩ τοῦ προσήκοντος, ἐμπεριεχομένη ἀριθμοῦ τετραγώνου περισσοῦ μεσότητι.' πρῶτον δὴ ἐκθετέον στιχηδὸν τοὺς μέχρι τούτου ἀριθμοὺς ἀπὸ μονάδος ἑξῆς, α' β' γ' δ' ε' ϛ' ζ' η' θ', εἶτα συγκεφαλαιωτέον τὴν πάντων ὁμοῦ ποσότητα, καὶ ἐπεὶ ἐννεάχωρος ὁ στίχος, τὸ ἔννατον τοῦ συγκεφαλαιώματος ζητητέον, εἴ τι φύσει πάρεστιν ἤδη τῶν ἐν τῷ στίχῳ ἀριθμῶν· εὑρήσομεν γὰρ αὐτῇ τῇ μεσότητι τοῦτο προσὸν μόνῃ· πεντὰς γάρ ἐστιν ἄλλο μήτε πλέον μήτε ἔλασσον ἔχουσά τι, καὶ τοῖς λοιποῖς περιποιη|τικὴ τοῦ τοιούτου αὐτὴ φανήσεται, ὡς ἄν τις δικαιοσύνη οὖσα, κατ' εἰκόνα τοῦ ὀργάνου τοῦ ζυγικοῦ· εἰ γὰρ τὸν στίχον ὑποθοίμεθα τοιοῦτόν τινα ὑπάρχειν ζυγικόν, τὴν δὲ μεσότητα τὸν ε' ἀριθμὸν τὸ τρῆμα εἶναι τὸ τοῦ ἀορτοῦ, καταρρέποντα μὲν πάντα διὰ πλῆθος ἔσται τὰ πρὸς τῇ ἐννεάδι ἀπὸ ἑξάδος μέρη, ἀναρρέποντα δὲ τὰ πρὸς τῇ μονάδι ἀπὸ τετράδος δι' ὀλιγότητα, τριπλάσια δὲ τὰ πλεονεκτοῦντα τῶν πλεονεκτουμένων σύνολα συνόλων, αὐτὴν δὲ τὴν ε', ὥσπερ τὸ τοῦ πήχεος τρῆμα, μηδετέρου μετέχουσαν, ἀλλ' ἰσότητα μόνον καὶ ταυτότητα. κατὰ βραχὺ δὲ τὰ γειτνιῶντα

2—4 = Iambl. p. 16, 16 sqq.

2 ἴσον x ἴσου EpAst (ex ἴσον ead. m. corr. E) καὶ add. Ast cl. Iambl. 3 ἐμπεριεχομένου xp ἐμπεριεχομένη EAst 4 μεσότητος xEp μεσότητι corr. Ast cl. Iambl. δὲ xpAst δὴ E στιχηδὸν EMLBPNpAst στοχηδὸν F στιχηδὸν scripsi cl. Iambl. p. 16, 19 5 τούτου yE τούτων PpAst ἀπομονάδος P 6 συγκεφαλαιοτέον BNF 7 τὸν xEpAst τὸ Heiberg (= nona pars) ἔνατον MLPp 8 στοίχῳ B 9 θερμότητι xp μεσότητι EAst 10 ἄλλον P 11 τοῦ solus E praebet suprscr. 11sq. φανίσεται NF 12 ὡσὰν BNF 13 στοῖχον B 13sq. τινὰ ὑπάρχειν E om. xpAst sp. relicto 14 δὲ yE τε PpAst 15 τοῦ ἀορτοῦ xE scrib. fort. τῆς ἀορτῆς ut iam correx. Ast cl. p. 38, 4. 11. 15: at cf. Iambl. p. 17, 10 τὸν ἀορτήν διὸ xp διὰ E verba διὸ πλῆθος ἔσται per parenthesim legit Ast 16 ἔσται om. B 17 ὀληγότητα ML 18 τὰ yE om. PpAst

19 πήχεος y (cf. Iambl. p. 17. 8. 10) πήχεως PpAst πή͂ E μετέχουσας N 20 καταβραχὺ E καὶ βρ. B

αὐτῇ καὶ ἐγγυτέρῳ γινόμενα ἔλαττον ἀεὶ καὶ ἔλαττον πλεονεκτοῦντά τε καὶ πλεονεκτούμενα, ὥσπερ τὴν ἀπὸ τῶν ζυγικῶν πλαστίγγων κατὰ μικρὸν ὑποβαίνοντα τοῦ πήχεος ὡς πρὸς τὴν ἀορτήν· μήκιστον μὲν γὰρ ἀφέστηκεν ἡ ἐννεὰς καὶ μονάς, 5 διὸ καὶ πλείστῳ πλεονεκτεῖ μὲν ἐννεάς, πλεονεκτεῖται δὲ μονάς, τετράδι ὅλῃ· βραχὺ δὲ τούτων ἐνδοτέρω ὀγδοὰς καὶ δυάς, διὸ καὶ βραχὺ ἐλάττονι πλέον μὲν ὀγδοάς, ἔλαττον δὲ δυὰς ἔχει· τριάδα γάρ· εἶθ' ἑξῆς τούτοις ἑβδομάς τε καὶ τριάς, διὰ τοῦτο τῇ ἑξῆς ποσότητι ἐλαττοῦται μὲν τριάς, πλεονάζει δὲ ἑβδομάς·
10 δυάδι γὰρ ἐνδοτέρῳ· ἐνδοτέρω δὲ τούτων καὶ προσεχῶς τῇ πεντάδι, ὡσανεὶ τῇ ἀορτῇ, τετράς τε καὶ ἑξὰς τῷ ἐλαχίστῳ πλεονεκτοῦσα· ἐλάττων γὰρ τούτου ἀριθμὸς οὐκέτι νοεῖται. ἀναρτωμένου δὲ τοῦ πήχεος, τὰ μὲν πλέον ἔχοντα πλεονεκτοῦσαν καὶ τὴν πρὸς αὐτὴν γωνίαν ἀπεργάζεται καὶ τὴν ἑαυτῶν
15 πρὸς τὴν ἀορτήν, τὰ δὲ ἔλαττον ὀλιγεκτοῦσαν καθ' ἑκάτερον· πλεονεκτοῦσα δὲ γωνία ἡ ἀμβλεῖά ἐστι, τὸν ἰσότατον λόγον τῆς ὀρθῆς ἐχούσης. ἐπεὶ δὲ ἐπίσης μὲν ἐν ἀδικίᾳ οἵ τε ἀδικούμενοι οἵ τε ἀδικοῦντες ὡς ἐν ἀνισότητι ἐπίσης τό τε μεῖζον τό τε ἔλαττον, ἀδικώτεροι ⟨δὲ⟩ ὅμως οἱ ἀδικοῦντες τῶν ἀδικου-
20 μένων (οἱ μὲν γὰρ κολάσεως, οἱ δὲ ἐπισώσεως καὶ βοηθείας
30 δέονται), τὰ κατὰ ἀμβλεῖαν ἄρα ἀφιστάμενα γωνίαν | περί τε τῷ ζυγῷ καὶ ἐν τῷ ἀριθμητικῷ ὑποδείγματι πλέον ἀποστήσεται τοῦ μέσου, ὅπερ ἐστὶ τῆς δικαιοσύνης, μᾶλλον ἀεὶ

---

1 γιγνόμενα BNF   2 τὴν sc. ὁδόν 'quasi quodam modo... descendentia' (Heiberg): possis et τὰ corrigere   3 πήχεος x πῄ E πυχέως p πήχεως Ast: cf. supra p. 37, 19   4 ἀορτήν E om. xpAst. sp. relicto   μὲν solus E praebet   ἐννάς Pp
8 ἐξητούτοις B   διατοῦτο E   12 πλεονεκτοῦσαν xp πλεονεκτοῦσα EAst   13 ἀναρτωμένου y ἀναρτουμένου E ἀναρτομένου p ἀνηρτημένον mavult Ast   πήχεος MLBPp πάχους NF πήχεως EAst   14 πρὸς αὐτὴν xEp τῶν ἄλλων corr. Ast in adn. αὐτὴν corruptum diiudico   ἑαυτοῦ xEp ἑαυτῶν corr. Ast in adn.   16 ἰσότατον ex ἰσώτατον ead. m. corr. M ἰσοτάτον E
17 οὐκἔχουσα E (οὐκ alt. m. add.)   17 et 18 ἐπ' ἴσης Ast
19 τ' NF   ἀδικότεροι P (o pr. in ras.) p   δὲ add. Heiberg
21 παρά xpAst περί E

καὶ μᾶλλον, τουτέστι τὰ πλεονεκτοῦντα, προσδραμεῖται δὲ
καὶ προσπελάσει ἔτι καὶ ἔτι ἀεὶ τὰ κατ' ὀξεῖαν, καὶ οἱονεὶ
ἀδικούμενα ἀεὶ ἐν τῷ πλεονεκτεῖσθαι τὰ μὲν κάτω καὶ εἰς
φθόρον καὶ εἰς κακίας βαπτισμὸν οἰχήσεται, τὰ δὲ ἄνω καὶ
ὡς εἰς θεὸν προσφεύγοντα ἀναρρέψει τιμωρίας καὶ ἀπισώσεως 5
δεόμενα. εἰ γοῦν δεήσει σὺν παντὶ τῷ πήχει καὶ τῷ ἀριθμη-
τικῷ ἐκθέματι τούτῳ ἰσότητα ἐγγενέσθαι, πάλιν τὸ τοιοῦτον
κατὰ πεντάδος μετοχὴν ὡσανεὶ δικαιοσύνης τινὸς οὔσης μηχα-
νηθήσεται· ἤτοι γὰρ τὰ ἀπὸ τῶν πλεονεκτούντων τεταγμένα
πέμπτα ἀφαιρεθέντα αὐτῶν εἰ προστεθείη τοῖς πλεονεκτουμέ- 10
νοις, τὸ ζητούμενον ἀπεργάζεται· ἤτοι κατὰ διορισμὸν καὶ
ἀντιπεπονθυῖαν διαστολὴν τὴν πεντάδα ἀπὸ μὲν τοῦ μήκιστον
ἀφεστῶτος πλεονέκτου τὸ τοῦ ἑτέρου μέρους ἐλάχιστον ἀπέχον
πλεονεκτούμενον ⟨ἀπολαβεῖν καὶ προσθεῖναι τῷ μήκιστον
ἀπέχοντι⟩, ὅ ἐστι τὸ ἕν, πρὸς ἀπίσωσιν ἀπολαβεῖν τὰ δ' ἀπὸ 15
⟨τοῦ⟩ θ' καὶ προσθεῖναι τῷ ἑνί, ἀπὸ δὲ τοῦ η' τὰ γ', ἃ
προσθήκη τῷ β' ἔσται, ἀπὸ δὲ τοῦ ζ' τὰ β', ἃ τῷ γ' πρόσκει-
ται, ἀπὸ δὲ τοῦ ς' τὸ α', ὅ ἐστι τῷ δ' προσθήκη εἰς ἀπίσω-
σιν, καὶ πάντα ἐπίσης τά τε κολασθέντα ὡς πλεονεκτικὰ καὶ
τὰ ἐπανορθωθέντα ἀπισώσει ὡς ἠδικημένα ὁμοιωθήσεται τῇ τῆς 20
δικαιοσύνης μεσότητι· ἀνὰ ε' γὰρ ἅπαντα ἔσται· μόνη γὰρ αὕτη
ἀναφαίρετός τε καὶ ἀπρόσθετος διαμένει, ὡς ἂν μήτε πλέον μήτε
ἔλασσον, ἀλλὰ καὶ τὸ προσῆκον καὶ ἐπιβάλλον φύσει μόνη
ἔχουσα. καὶ τῷ σχήματι δὲ οἱ τοὺς τῶν γραμμάτων χαρακτῆρας

1 τοῦτ' ἔστι PpAst   2 καὶ προσπελάσει ἔτι yE (πρὸς πε-
λάσῃ B) καὶ πρὸς ἔτι Pp καὶ προσέτι Ast κατὰ pAst   4 βόθρον
xpAst φθόρον E   5 ἀπισῶ NF   6 δεόμενα om. NF δεήσῃ
MLP καὶ om. pAst   9 οἴτοι y εἴτοι Pp ἤτοι EAst   11 εἴτα
xpAst ἤτοι E τὰ post ἤτοι add. E δι' ὁρισμὸν E   11sqq. locum
corruptum recte diiudicat Ast   13 ἀφ' ἑστῶτος B τοῦ αὐτοῦ
ἑκατέρου xEpAst τὸ τοῦ ἕν. Heiberg   14sq. ἀπολ...ἀπέχ. add.
Heiberg   15 ὃ ἔδει xpAst ὅ ἐστι E   15sq. verba τὸ δ' ἀπὸ θ'
καὶ προσθεῖναι τῷ ἑνί solus E praebet in calce addita τὸ E
τὰ scripsi   16 τοῦ addidi τὰ γ' ἃ xE (τρία B) τὸ γ' ὃ pAst
17 τὸ β' ἃ xp τὰ β' ἃ E τὸ β' ὃ Ast   18 δὲ om. NF τῷ α'
MLBp προσθήκεις F εἰς om. F   19 ἐπ' ἴσης Ast   21 πέντε
B μόνη E om. xpAst sp. relicto   23 ἔλαττον xpAst ἔλασσον E
24 τῷ] τὸ F

40 IAMBLICHI

πρῶτοι τυπώσαντες, ἐπεὶ τὸ θ' τοῦ ἐννέα σημαντικὸν ὑπάρχει, μεσότης δὲ αὐτοῦ ὡς τετραγώνου τὸ ε', τὸ δὲ μέσον ἐν ἑκάστῳ σχεδὸν κατὰ τὸ ἥμισυ ὁρᾶται, ἥμισυ τοῦ θ' γράμματος τυποῦσθαι τὸ ε' ἐπενόησαν, ὡς διχοτόμημα τοῦ θ', καθὰ
5 καὶ τὸ τοῦ ο'. τούτῳ δὴ τῷ τρόπῳ τῆς δικαιοσύνης τῷ ε'
ἀριθμῷ δικαιότατα ἐνοφθείσης καὶ τῆς | τοῦ στίχου ἀριθμητικῆς εἰκόνος ζυγῷ τινι οὐκ ἀπιθάνως εἰκασθείσης, τὸ παράγγελμα τοῖς γνωρίμοις ἐν συμβόλου σχήματι ὁ Πυθαγόρας
ἐνεποιήσατο 'ζυγὸν μὴ ὑπέρβαινε', τουτέστι δικαιοσύνην.
10 τριῶν δὲ ὄντων τῶν ζωοποιητικῶν κατὰ τοὺς φυσικοὺς μετὰ
τὴν σωμάτωσιν, φυτικοῦ ψυχικοῦ λογικοῦ, καὶ τοῦ μὲν λογικοῦ
κατὰ μὲν ἑβδομάδα τασσομένου, τοῦ δὲ ψυχικοῦ καθ' ἑξάδα,
τὸ φυτικὸν ἀναγκαίως κατὰ τὴν πεντάδα πίπτει, ὥστε καὶ
ἀκρότης τις ἡ ἐλαχίστη τῆς ζωότητος ἡ πεντάς· γενέσεων μὲν
15 γὰρ ῥίζα πασῶν ἡ μονάς, κίνησις δὲ ἐφ' ἕν τι ἡ δυάς, ἐπὶ δὲ
δεύτερον ἡ τριάς, ἐπὶ δὲ τρίτον καὶ τελειότερον ἡ τετράς, ἐπὶ
δὲ τὴν πάντῃ πρόσθεσιν καὶ αὔξησιν ἡ πεντὰς κατὰ τὴν
φυτικὴν τῆς ψυχῆς ἕξιν, ᾗ εὐθὺς καὶ τὸ αἰσθητικὸν γενικὸν
παρέσπαρται. ὅτι Νέμεσιν καλοῦσι τὴν πεντάδα· νέμει γοῦν
20 προσηκόντως τά τε οὐράνια καὶ θεῖα καὶ φυσικὰ στοιχεῖα τοῖς
πέντε, τὰ πέντε σχήματα ταῖς κύκλῳ [ταῖς] κινήσεσι ταῖς τε σεληνιακαῖς καὶ τῶν λοιπῶν ἀστέρων, ἑσπερίᾳ ἀνατολῇ, ἑσπερίᾳ

9 ζυγὸν μὴ ὑπ. cf. Pyth. 45 C 6 Diels³ 12 ψυχικοῦ cf.
Procl. in Tim. 223 E 14 cf. Ph. ἐλαχίστη ἀκρότης τῆς ζωότητος 19 Νέμεσιν Ph.

1 προτυπώσαντες xpAst πρῶτοι τυπώσαντες E ἐννέα ex θ'
ead. m. corr. BN 2 τὰ ε' xE τὸ ε' pAst 4 διχοτόμητα NF
4sq. verba καθὰ καὶ τὸ τοῦ ο' seposuerim ut initium cuiusdam glossematis 5 τὸ om F 8 συμβούλου p 9 ὑπερβαίνειν corr. Ast: at cf. Iambl. Protr. 21 (Diels I³ 360, 33)
13 καὶ om. E fort. delendum 14 πεντάς] ε' E γενέσεως xEp
corr. Ast 15 ἐφέντι NF 17 πάντα F πρόθεσιν x πρόσθεσιν EpAst 18 φυσικὴν xpAst φυτικὴν E 19 καλοῦσι F
μέμει F 21 πέντε alt.] ε' E τοῖς κύκλοις xEp τοῦ κύκλου Ast
ταῖς κύκλῳ [ταῖς] Heiberg φύσεσι xEp κινήσεσι Ast in adn.
Heiberg 21sq. σεληνιακαῖς P 22 τῶν ἀστέρων τῶν λοιπῶν
xpAst τῶν λοιπῶν ἀστέρων E

THEOLOGOUMENA ARITHMETICAE 41

δύσει, έῴα ἀνατολῇ, έῴα δύσει καὶ τῇ ἄνευ τούτων ἁπλῇ περιπολήσει· εἶτα τὰ κατ' ἐπίκυκλον στηριγμοῖς δυσὶν ἢ προποδισμῷ ἢ ἀναποδισμῷ, ὁμαλότητι μιᾷ τῇ κατὰ φύσιν· τοῖς τε φυτοῖς πενταμερὲς αὐτῶν τὸ ὁλοσχερὲς σύγκριμα· ῥίζα γὰρ καὶ πρέμνος καὶ φλοιὸς καὶ φύλλον καὶ καρπός· αἵ τε καταφοραὶ πέντε, ὑετοῦ χιόνος δρόσου χαλάζης πάχνης· ἀναφοραί τε πέντε, ἀτμὸς καπνὸς νέφος ὁμίχλη καὶ ὁ λεγόμενος τυφῶν ἀνεμώδης, ὅν τινες στρόβιλον ὀνομάζουσι· διὰ τοῦτο καὶ πεμπάδα αὐτὴν ὠνομάσθαι, ὅτι κατ' αὐτὴν αἱ φοραὶ αὗται ἀναπέμπονται. διὰ δὲ τὸ ἰσοῦν τὰ ἄνισα καὶ πρόνοιαν ὀνομάζουσι καὶ δίκην οἷον δίχησιν καὶ Βουβάστειαν διὰ τὸ ἐν Βουβαστῷ τῆς Αἰγύπτου τιμᾶσθαι, καὶ Ἀφροδίτην διὰ τὸ ἐπιπλέκεσθαι ἀλλήλοις ἄρρενα καὶ θῆλυν ἀριθμόν. κατὰ τὸν | αὐτὸν δὲ τρόπον καὶ γαμηλία καὶ ἀνδρογυνία καὶ ἡμίθεος, οὐ μόνον ὅτι τοῦ δέκα θείου ὄντος ἥμισύ ἐστιν, ἀλλὰ καὶ ὅτι ἐν τῷ ἰδίῳ διαγράμματι ἐν τῷ κατὰ μέσον ἐνετέτακτο. καὶ δίδυμον, ὅτι τὴν δεκάδα διχάζει ἀδίχαστον ἑτέρως οὖσαν, ἄμβροτον δὲ ⟨καὶ⟩ Παλλάδα κατ' ἔμφασιν τῆς πέμπτης οὐσίας καλοῦσι, καρδιᾶτιν δὲ κατ' εἰκόνα τῆς ἐν τοῖς ζώοις καρδίας μέσης τεταγμένης.

---

9 πεμπάδα cf. Syrian. in met. p. 130, 29 sq. Kr.   11 sqq. Ph. δίκησις, βουβάστια, Ἀφροδίτη, γαμηλία καὶ ἀνδρογυνία (cf. Del. p. 168, 11), ἁμίθεος, διδυμαία, ἄμβροτος, Παλλάς, κραδεᾶτις 11 δίκην οἷον δίχ. cf. Asclep. in met. p. 34, 19 Hayd.

2 κατὰ ἐπὶ κύκλον pAst   2 sq. ἢ ... ἢ] exspectes καὶ ... καὶ 3 καταφύσιν EP   4 σύγκριμα B   5 φίλλον F φύλον B φῦλλον PpAst   6 ε´ γE πέντε PpAst χίονος Pp   7 τε γ om. EPp Ast ε´ E   8 ὀνομάζουσιν LBPNF διατοῦτο E   9 πεντάδα xEpAst πεμπάδα Heiberg   11 δίχασιν corr. Ast: at cf. Ph. δίκησις haud dubio vitiose pro δίχησις   13 ἐπιπλένεσθαι (ex ἐπιπλήνεσθαι ead. m. corr.) B   ἄρενα NF   14 γαμήλει E Γαμηλίαν καὶ Ἀνδρογυνίαν Meurs.   15 ι´ E καὶ post ὄντος add. E   ἡμίσεια xpAst ἥμισυ E   16 καταμέσον NF   17 ἐνετέτατο E   18 ἄμετρος xp ἄμετρον E ἄμβροτον Meurs. Ast: cf. Ph. καὶ add. Ast παλλάδα ead m. corr. BN   19 ε´ xEpAst πέμπτης Heiberg καλοῦσιν B   καρδιᾶτιν EMLBPN καρδιάτην F καρδιᾶτιν Ast   τῆς] τοῖς LB

ἐκ τοῦ περὶ πεντάδος λόγου δευτέρου τῆς
Ἀριθμητικῆς τοῦ Γερασηνοῦ Νικομάχου.

οἱ ἄνθρωποι ὅταν μὲν ἀδικῶνται, θεοὺς εἶναι θέλουσιν,
ὅταν δὲ ἀδικῶσιν, οὐ θέλουσι· διόπερ ἀδικοῦνται, ἵνα θεοὺς
εἶναι θέλωσιν· εἰ γὰρ μὴ θέλουσιν εἶναι θεούς, οὐ διαμενοῦ-
σιν· εἰ τοῦ διαμένειν οὖν ἀνθρώπους αἴτιον τὸ θέλειν εἶναι
θεούς, θέλουσι δέ, ὅταν ἀδικῶνται, τὸ δὲ ἀδίκημά ἐστι μὲν
κακόν, ἀλλ' ἐπὶ συμφέρον τι φύσεως, τὰ δ' ἐπὶ συμφέρον τι
φύσεως ἀγαθῶν ἔργα, φύσις δὲ ἀγαθή, ταὐτὸν καὶ πρόνοια.
τὰ κακὰ ἄρα τοῖς ἀνθρώποις κατὰ πρόνοιαν γίνεται. τὰς δ'
ἀφορμὰς εἰκὸς καὶ τούτου παρ' Ὁμήρου εἰληφέναι εἰπόντος·
'καὶ τότε δὴ χρύσεια πατὴρ ἐτίταινε τάλαντα,
ἐν δ' ἐτίθει δύο κῆρε τανηλεγέος θανάτοιο,
Τρώων θ' ἱπποδάμων καὶ Ἀχαιῶν χαλκοχιτώνων·
ἕλκε δὲ μέσσα λαβών· ῥέπε δ' αἴσιμον ἦμαρ Ἀχαιῶν.
αἱ μὲν Ἀχαιῶν κῆρες ἐπὶ χθονὶ πουλυβοτείρῃ
⟨ἐξέσθην,⟩ Τρώων δὲ πρὸς οὐρανὸν εὐρὺν ἄερθεν.'

33 περὶ ἑξάδος. Ἀνατολίου.

VI Ἡ ἑξὰς πρώτη τέλειος· τοῖς γὰρ αὐτῆς μέρεσιν ἀριθμεῖται,
ἕκτον ἔχουσα, τρίτον καὶ ἥμισυ. τετραγωνιζόμενος περιέχει

---
11 Hom. Θ 69—74   19—p. 44, 1 = An. p. 34, 6—35, 3 cf.
Theo p. 102, 4—18   19 sqq. cf. Theo p. 45, 10 sq. 101, 8. Lyd.

2 ἀριθμητικῆς om. B θεολογουμένων τῆς ἀριθ. vel τῶν θεο-
λογουμένων ἀριθμητικῶν legi vult Ast at cf. Del. p. 178 γερα-
σινοῦ BPNF 3 ἀδικοῦνται p 4 θέλουσιν ML 5 θέλωσιν
alt. p 6 ἄιτιον F 7 ἀδικοῦνται p δὲ alt. y E om. PpAst
8 ἐπισ. EAst τὰ δ' ἐπισυμφέρον τι φύσεως om. B τὰ δὲ F
τὸ δὲ pAst ἐπισ. ENFAst 10 γίνονται MLPpAst γίγνονται
BNF γ´ E γίνεται scripsi δὲ pAst 11 τοῦτον y τοῦτο Pp
καὶ τοῦτον post v. ὁμήρου transp. E τούτον Ast 12 καὶ om. F
τὸ δὲ P τὸ τὲ F χρύσεια in marg. N ἐτίτανε y ἐτύτανε P ἐτί-
ταινε E 13 τανυλεγέος E νηλεγέως´ p 14 ὑππόδαμων F ἱπ-
ποδάμων ex ὑπποδάμων ead. m. corr. N χαλκοχιτόνων NF
15 μέσα EMLPNF ἀχῶν NF 16 ἐπιχθονὶ P πολυβοτείρῃ E
17 ἐξέσθην add. Ast ἀέρθεν P ἔνερθεν E 18 περὶ ἑξάδος
om. E ἀνατολίου om. NF 19 πρῶτος mavult Ast αὐτῆς
EML αὑτῆς PNF (ex αὐτοῖς ead. m. corr. F) αὐτοῖς B
20 ϛ´, ἔχουσα γ´ xp (τρία P) α´ ἔχων τρίτον E fort. rectius;

THEOLOGOUMENA ARITHMETICAE 43

ἑαυτόν· ἑξάκις γὰρ ἐξ λς΄· κυβιζόμενος δὲ ἑαυτὸν τετράγωνον οὐκέτι τηρεῖ· ἑξάκις γὰρ λς΄ σις΄· οὗτος δὲ τὸν μὲν ἐξ περιέχει, τὸν δὲ λς΄ οὐκ ἔχει. ἐξ ἀρτίου καὶ περισσοῦ τῶν πρώτων, ἄρρενος καὶ θήλεος, δυνάμει καὶ πολλαπλασιασμῷ γίνεται· διὸ καὶ ἀρρενόθηλυς καλεῖται. καὶ γάμος καλεῖται 5 κυρίως, ὅτι οὐ κατὰ παράθεσιν ὡς ἡ πεντὰς γίνεται, ἀλλὰ πολλαπλασιασμῷ· ἔτι δὲ γάμος καλεῖται, ὅτι αὐτὸς τοῖς ἑαυτοῦ μέρεσίν ἐστιν ἴσος, γάμου δὲ ἔργον τὸ ὅμοια ποιεῖν τὰ ἔκγονα τοῖς γονεῦσι. κατὰ ἑξάδα πρῶτον συνέστη ἡ ἁρμονικὴ μεσότης, ληφθέντος πρὸς τὸν ϛ΄ ἐπιτρίτου μὲν λόγου τοῦ η΄, 10 διπλασίου δὲ τοῦ ιβ΄· τῷ γὰρ αὐτῷ μέρει ἤγουν τῷ τρίτῳ ὑπερέχει καὶ ὑπερέχεται ὁ η΄ τῶν ἄκρων. καὶ ἀριθμητικὴ δὲ μεσότης κατὰ τὸν ϛ΄, ληφθέντος πρὸς αὐτὸν ἡμιολίου μὲν λόγου τοῦ θ΄, διπλασίου δὲ τοῦ ιβ΄· τῷ γὰρ αὐτῷ ἀριθμῷ τὰ θ΄ ὑπερέχει τοῦ ἄκρου καὶ ὑπερέχεται τῷ γ΄. ἔτι δὲ καὶ τὰ 15 μέρη αὐτοῦ ἀναλογίαν τινὰ ἀριθμητικὴν ἔχει, οἷον α΄ β΄ γ΄. ἔτι γεωμετρικὴ μεσότης ὁ ϛ΄, γ΄ ϛ΄ ιβ΄. ἔτι δὲ διαστάσεις σω-

II 11. Philo de op. m. 3 leg. all. I 2. de plant. Noe 2, 44. quaest. et sol. in Gen. III 38 in Exod. II 87. Plut. qu. conv. IX 3, 2. de an. pr. 13. 1018 C. Clem. Al. VI 16, 139, 2 sq. Censor. d. die n. 11, 4. Macr. I 6, 12. sat. VII 13, 10. Mart. Cap. VII 736. 753. Iambl. vita Pyth. § 152. Chalc. p. 104, 6 sqq. Favon. p. 6, 12 sqq. Del. p. 168, 13

5 γάμος cf. Iambl. p. 34, 20. Stob. ecl. I 20. Philo de op. m. 13. quaest. in Gen. III 38. 49. Lyd. l. l. Mart. Cap. l. l. Plut. de an. pr. 13. 1018 C. Clem. Al. l. l., V 14, 93, 4 11 sq. cf. [Soter.] ad Nic. Ar. p. 4, 31 Hoche

ἔχουσα τρία (sc. μέρη), ἕκτον τρίτον καὶ ἥμ. mavult Ast τραγωνιζόμενος B
2 λς΄] τριανταέξ NF σις΄]·ϛις΄ p ἐξ] ϛ΄ E   4 ἄρρενον F 4 sq. γίγνεται BNF   5—7 καὶ ... πολλαπλ. solus E praebet
6 ε΄ E πεντὰς scripsi   8 μέρεσι B ἴσος E τὸ] τὰ p   9 ἔκγονα EMLBpAst ἔκγονα NFAn.Theo ἔκγονα P ead. m. corr. γονεῦσιν x   10 ϛ΄] ἐξ BNF ἐπὶ τρίτου ENF λόγος xp λόγου EAst   11 γ΄ xp δώδεκα E pro γ΄ ponendum ιβ΄ iam censuerat Ast ἤγουν τῷ τρίτῳ xE (cf. Theo) ὁ ϛ΄ perperam pAst 12 ὁ η΄ xE om. pAst   13 κατὰ τὸν ϛ΄ om. An. Theo 13 sq. λόγος xp λόγου EAst   15 θ΄] ἐννέα B τῶν ἄκρων xp AstTheo τοῦ ἄκρου EAn.   16 οἷον solus E praebet

μάτων ἕξ. μετὰ δὲ τὴν πεντάδα τὸν ϛ´ εὐθὺς ἀριθμὸν ἐναργεστέροις ἐσέμνυνον ἐγκωμίοις, ἐπιλογιζόμενοι δείγμασιν οὐκ ἀμφιβόλοις, κατ᾽ αὐτὴν ἐμψυχῶσθαι καὶ καθηρμόσθαι τὸν κόσμον, τυχεῖν τε ὁλότητος καὶ διαμονῆς ἐπιμελοῦς τε ὑγείας
5 καὶ τὰ ζῶα καὶ τὰ φυτὰ συνόδῳ τε καὶ ἐπιγονῇ καὶ καλλονῆς καὶ ἀρετῆς καὶ τῶν τοιούτων. ἐπεχείρουν δὲ οὕτως ἐπάγοντες· ἡ τῆς ἐξ ἀρχῆς ἀϊδίου ὕλης ἀκοσμία καὶ ὅσον ἐπ᾽ αὐτῇ ἀμορφία στέρησίς τε πάντων ἁπλῶς τῶν τρανωτικῶν, κατά τε ποιὸν καὶ ποσὸν καὶ τὰς λοιπὰς κατηγορίας, ἀπ᾽ ἀριθμοῦ ὡς
10 κυριωτάτου καὶ τεχνικοῦ εἴδους ἐκρίθη καὶ διεκοσμήθη τρανότατά τε καὶ ἐμμελοῦς ἐξαλλαγῆς καὶ ἀκολουθίας ἀκηράτου
34 ἔτυχε μετασχοῦσα κατ᾽ | ἔφεσιν καὶ ἀπόμαξιν τῶν ἀριθμοῦ ἰδιωμάτων. ὁ δ᾽ ἀριθμὸς αὐτὸς τὴν ἐπ᾽ ἄπειρον προχώρησιν εἰδοποιούμενος εὑρίσκεται δι᾽ ἑξάδος κατὰ τελείας συνθέσεις·
15 ἐπεὶ γὰρ τὸ μὲν πρῶτον τέλειον τὸ ἀρχὴν καὶ μέσον καὶ τέλος ἔχον, τὸ δὲ δεύτερον τὸ τοῖς ἰδίοις μέρεσιν ἴσον ἀπλεονέκτητον καὶ ἀνελλιπὲς ἐν τῇ πρὸς αὐτὰ ἀντεξετάσει, εὑρίσκεται δὲ τὸ μὲν πρῶτον ἐν τριάδι ὡς ἐν ῥίζῃ, τὸ δὲ δεύτερον ἐν ἑξάδι πυθμενικῶς, ἀλλὰ καὶ κατὰ συμβεβηκὸς τὸ μὲν τῆς τριάδος
20 ἐν τῇ ἑξάδι (πάλιν γὰρ β´ καὶ β´ καὶ β´ ἀρχὴ καὶ μέσον καὶ τέλος), τὸ δὲ τῆς ἑξάδος οὐκέτι ἐν τῇ τριάδι (ἐλλείπει γὰρ ἐν αὐτῇ τὰ μέρη πρὸς τὸ ὅλον), συμβεβηκυίας δὲ εὑρίσκομεν κατὰ φύσιν καὶ οὐ θεμένων ἡμῶν τὰς κατὰ τριάδα ποσότητας, ἐν ἀριθμῶν συνθέσει ἑξαδικὴν εἰδοποίησιν ἐμ-
25 ποιούσας μέχρι ἀπείρου τῷ χύματι παντί, τὰς μὲν πρώτας αὐτῇ τῇ ἑξάδι α´ β´ γ´, τὰς δὲ δευτέρας πάλιν ἑξάδι, μονά-

---

2 ἐγκωμίοις bis N δείγμασι Ε 3 αὐτὴν sc. τὴν ἑξάδα: possis et αὐτὸν scribere 4 ἐπὶ μελοῦς F ἐπιτελοῦς recte mavult Ast 5 ἐπιγονὴ F 5 sq. καλλονῇ καὶ ἀρετῇ BPpAst 6 ἐπεχειρουνδὲ B 7 ὅλης x ὕλης E ὅλη pAst αὐτῶν F 10 sq. τρανότα B τρανώτατα pAst τρανότητος? 13 ἐπάπειρον N χώρησιν xpAst προχώρησιν E 15 μέσην xEp corr. Ast 16 ἴσον ENF 20 ἀρχὴν MLBPNp ἀρὴν F ἀρχὴ EAst 21 τῇ om. F 22 συμβεβηκὸς xpAst συμβεβηκυίας E δ´ pAst 23 καταφύσιν E 24 ἑξαδικὴν xE ἑξαδικῶν pAst 25 μέχρις B ἀπύρου τῷ χείματι Pp

δος μιᾶς κατὰ δευτερωδίαν εἰς τὸν ἑξῆς βαθμὸν μετιούσης, δ' ε' ϛ', τὰς δὲ μετὰ ταῦτα πάλιν ἑξάδι, δύο μονάδων δευτερωδουμένων, ζ' η' θ', τριῶν δὲ καὶ τεττάρων καὶ ἐφεξῆς τῶν μετὰ ταῦτα τριάδων συγκεφαλαιουμένων, ι' ια' ιβ' καὶ ἐφ' ὁσονοῦν, ὥστε ἑξάδι φαίνεσθαι κατὰ τριάδος ἐξάρτησιν διατυπούμενον τὸν ἀριθμὸν σύμπαντα, διατυπωτικὸν φύσει καὶ αὐτὸν ὄντα τῆς ἐν τῇ ὕλῃ ἀμορφίας, εἶδος οὖν εἴδους οὐκ ἂν διαμάρτοιμεν αὐτὴν ἡγούμενοι. τρόπον δ' ἕτερον εὐδιαρθρωτικὴ καὶ συντακτικὴ σώματος ψυχή, καθάπερ ψυχικὸν εἶδος ἀμόρφου ὕλης, τῇ δὲ ψυχῇ τὸ παράπαν οὐδεὶς ἐφαρμόζειν δύναται μᾶλλον ἑξάδος ἀριθμός, οὐκ ἄλλος ἂν οὕτω διάρθρωσις τοῦ παντὸς λέγοιτο, ψυχοποιὸς ἱσταμένως εὑρισκομένη καὶ τῆς ζωτικῆς ἕξεως ἐμποιητική, παρ' ὃ ἑξάς. ὅτι μὲν γὰρ ἁρμονικὴ πᾶσα ψυχή, ἁρμονίας δὲ τὰ στοιχειωδέστατα σύμφωνα διαστήματα ἐπίτριτος καὶ ἡμιόλιος, ὧν κατὰ σύνθεσιν τὰ λοιπὰ συμπληροῦται, φανερόν· παρούσης μὲν γὰρ αὐτῆς, | εἰρηνεύει καὶ εὐτακτεῖ καὶ βέλτιστα ἐνήρμοσται τὰ ἐγκεκριμένα τῷ ζῴῳ ἐναντία, ὑπείκοντα καὶ ἀντακολουθοῦντα καὶ διὰ τοῦτο ὑγείαν ἐμποιοῦντα τῷ συγκρίματι, θερμὸν ψυχρῷ, ὑγρὸν ξηρῷ, βαρὺ κούφῳ, πυκνὸν ἀραιῷ, καὶ τὰ ἐοικότα,

---

7 εἶδος εἴδους Ph. 10—11, 11 sqq. Ph. τῇ δὲ ψυχῇ... ἀριθμός, διάρθρωσις τοῦ παντός, ψυχοποιός (cf. Lyd. II 11), ζωτικῆς... ἑξάς (cf. Lyd. IV 88)

---

1 δευτερῳδίαν y δευτερωδίαν EPp δευτεροδίαν Ast 2 sq. δευτερωδουμένων xEp (iota subscriptum praebent NF) δευτεροδονμένων Ast 3 τετάρων F ἐφ' ἑξῆς NF 4 ιγ' post ιβ' ead. m. add. simulque del. E 5 ὅσον E 8 sq. διαρθρωθητική x εὐδιαθρωτική E διαρθρωτική p Ast εὐδιαρθρωτική scripsi 9 ψυχῇ EMLPNF ψυχή Bp Ast 10 ὕλη E 11 ἄλλως EBN ἄλλων F οὕτως E 12 ψυποιὸς NF ἱσταμένως EMLBPp ἱστάμενος NF Meurs. Ast 13 παρ' ὃ BNF καὶ ἁρμονία ante ὅτι add. Meurs. Ast in adn. (cl. Ph.) fort. recte 14 γὰρ solus E praebet ἁρμονική xE Meurs. ἁρμοστική p Ast 16 συμπληροῦνται xEp corr. Ast 18 ἐγκεκρυμένα B ὑπήκοντα B 19 διατοῦτο E ἐμποιοῦσα xE corr. Ast in adn. 19 sq. ψυχρὸν ὑγρὸν ξηρὸν et κούφον F 20 ἀραιόν F

Iamblichus ed. de Falco

ἃ χωρὶς ἁρμονίας τινὸς οὐκ ἂν συναναστρέφοιτο· συνυπάρχει γε μήν, ἐφ' ὅσον ψυχὴ πάρεστι, συναγωγὸς αὐτοῖς, διεξελθούσης δ' αὐτῆς, διάλυσις τῶν ἐν τῷ ζώῳ πάντων καὶ λειποταξία συμβαίνει, εἰ δέ γε τὰς στοιχειώδεις τῆς ἁρμονίας λεχθείσας ἀρχὰς τό τε ἡμιόλιον καὶ ἐπίτριτον ἡμίσους τε ἔδει ἐξ ἀνάγκης (οὐ γὰρ ἄνευ τούτου ἡμιόλιον, οὐδὲ μὴν αὐτοῦ τούτου τὸ διὰ ε') καὶ τρίτου δέ· σὺν γὰρ τούτῳ πάντως τὸ ἐπίτριτον, σὺν ᾧ εὐθὺς τὸ διὰ δ'· πρῶτος δὲ ἄλλων ὁ ϛ' ἀριθμὸς ὑπὸ τὸ αὐτὸ καὶ ἥμισυ καὶ τρίτον ἔχει, πλευραῖς διαφερούσαις χρησάμενος καὶ ἐναντίαις, τῇ μὲν διχαστῶν, τῇ δὲ τριχαστῶν ῥίζῃ, δυάδι καὶ τριάδι, ἵν', ὡς τῶν πάντῃ παρηλλαγμένων σύνοδος ἐγένετο, οὕτω καὶ τὰ πάντῃ διαφέροντα συνάγειν καὶ συνᾴδειν πεφύκῃ. ἐπεὶ δὲ ἀναγκαίως, καθὼς προείπομεν, πρὸς τούτοις καὶ στερεὸν ἔδει καὶ σφαιρικόν γε τὸ τῆς ψυχῆς μέγιστον εἶδος, καὶ οὔτε ἀρσενικῶς μόνον στερεὸν οὔτε θηλυκῶς μόνον, ἀλλ' ἀμφότερον (κοινὴ γὰρ ἐπίσης ἀμφοτέρου γένους ἡ ψύχωσις), ἀρτιοπερίττου τε πρῶτος διὰ τοῦτο ὁ ϛ' λόγον ἔσχε φύσεως, καὶ τὸ κατ' αὐτὸν σφαιρικόν, ἀλλ' οὐ τὸ κατὰ πεντάδα, ψυχῇ πρεπωδέστερον ἐνομίσθη, ἅτε ἀρσενόθηλυ, τοῦ ε' θάτερον μόνον εἶδος ἔχοντος. ἥ τε τοῦ κύβου πάλιν φύσις οὐ μονοειδής, ἀλλὰ τριγενής, κατὰ τὸν ἓξ φαντάζεται· τὸ γὰρ ἀπὸ ἑξαπέδου πλευρᾶς τετράγωνον συγκεφαλαίωμα ὑπάρχει τοῦ τε δυνάμει ἀρτίου καὶ περιττοῦ, κύβου ἅμα καὶ τῶν κατ' ἐνέργειαν ἑκατέρων, α' καὶ η' καὶ κζ' ὁ λϛ', πρὸς ταύτῃ τῇ συνθέσει καὶ ἄλλην ἐμπεριέχων ἁρμο-

---

17 ἀρτιοπερίττου cf. Lyd. II 11. Philo quaest. in Gen. III 38. 49 25 sqq cf. Nicom. p. 146, 17 sqq. Macr. II 1, 15 sqq.

2sq. ἐξελθούσης x p Ast διεξελθούσης E   4 δέ abesse malim 5sq. ἐξανάγκης L   8 δ'] τεσσάρων B   9sq. διαφορούσαις E 11 διάδι N   11sq. παρηλληγμένων MLPp παρηλλημένων BNF παρηλλαγμένων EAst   12 πάντα F   13 πεφύκοι xp πεφύκῃ EAst   14 fort. scrib. ἔδει ⟨εἶναι⟩ καὶ   15 μέγιστον] μέγεθος E   16 ἀμφότερον yE ἀμφοτέρων Pp ἀμφοτέρως mavult Ast ἐπ' ἴσης p Ast   17sq. διατοῦτο E   20 τε] malim δὲ 22 ἐξαπέδου yA ἑξάδου Pp ἑξάδος Ast   τετράγωνον y τετραγώνου PpAst[A]

νίαν· τοῦ γὰρ ϛ' καὶ η' καὶ θ' καὶ ιβ' καὶ τῆς κοινῆς ἀρχῆς, ὅ ἐστι μονάδος, | ἄθροισμα πάλιν ὑπάρχει, ἐν οἷς τὰ 36 μουσικὰ διαστήματα μάλιστα τεχνολογεῖται, ὡς οἰκειοτάτως καθολικὴ ἁρμονία, τὸ μὲν διὰ πασῶν διπλάσιον ἐν τοῖς ἄκροις, τὸ δὲ διὰ ε' ἡμιόλιον ἐν ἀμφοτέροις τοῖς μέσοις παρὰ μέρος πρὸς ἄκρα, ἑτέρου πρὸς ἕτερον, τοῦ ιβ' παρὰ τὸν μὴ συνεχῆ, ἤγουν τὸν η', τοῦ θ' οὐ πρὸς τὸν ὄγδοον, ἀλλὰ πρὸς τὸν ϛ', τὸ δὲ διὰ δ' ἐπίτριτον ἐν τοῖς αὐτοῖς πρὸς τοὺς αὐτούς, ἀνάπαλιν μέντοι πρὸς τοὺς συνεχεῖς, ἐξεταζομένοις, ἀλλ' οὐ πρὸς τοὺς διεχεῖς, η' πρὸς ϛ' καὶ θ' πρὸς ιβ'. ὅτι δὲ τούτων αἰτιωτάτη ἡ ἑξάς, δῆλον· σκοπὸς γὰρ αὕτη πᾶσιν ὑπέστη τὸν ὑπάτης τόπον ἔχουσα, καὶ ἀπ' αὐτῆς αἱ σύμπασαι ἀποστάσεις ἐπενοήθησαν. εἰ δὲ καὶ φυσικωτέρᾳ ἐφόδῳ συντάττομεν τὴν τῆς ψυχῆς σύστασιν, πρὸς μὲν διχῇ διαστατόν, ἕκαστον δὲ διάστημα πεπερασμένον ἑκατέρωθεν ἡγούμενοι δεῖν εἶναι, δύο καθ' ἕκαστον ἐπινοήσομεν πέρατα, τριῶν δὲ ὄντων ἐξ ἀποτελεσθήσονται, δι' ἣν αἰτίαν καὶ αἱ λεγόμεναι σωματικαὶ περιστάσεις τοσαῦται γίνονται καθ' ἕκαστον διάστημα δύο θεωρούμεναι, ὥστε καθ' ἑξάδα καὶ οὗτος ὁ τῆς ψυχῆς κυβισμός. μή τι καὶ διὰ τοῦτο ἓξ τε αἱ ὀρθαὶ λεγόμεναι μεσότητες, ἃς ἀναλογίας [τινὰς] τινὲς καλοῦσι, καὶ τοσαῦται αἱ ἁπλαῖ τοῦ ἀνίσου σχέσεις, αἷς πάντ' ἐφαρμόζεται τὰ συμμετρίαν καὶ ἀπίσωσιν ἐπιδεχόμενα ἔν τε τοῖς ἄλλοις καὶ ἐν αὐτῇ τῇ ψυχῇ ἄλογα μέρη. πρώτη γὰρ ἡ ἑξὰς πυθμενικωτάτη περιέσχεν

---

3 οἰκειότατος xAp corr. Ast in adn. 4 διαπασῶν B 5 ε'] πέντε B 5 sq. παραμέρος NFP 6 ἑτέρου] ἑτέρῳ Ast in adn. τοῦ] τῷ Ast in adn. 7 ἤγουν xA ἢ pAst τοῦ η' xp τὸν η' A Ast in adn. τῷ ⟨δὲ⟩ θ' Ast in adn. ὄγδοον] η' Ast 8 ϛ'] ἕκτον B τοῦ δὲ διὰ δ' ἐπιτρίτου xAp (τέσσαρα B) corr. Ast in adn. τοὺς yA om. PpAst 9 ἐξεταζομένου xAp corr. Ast in adn. 10 διαχεῖς xp διεχεῖς AAst η' yA ἢ P ⟨τῷ⟩ η' Ast in adn. 14 πρός? 16 ἐπινοήσωμεν B 17 ἐξαποτελ. B 18 γίγνονται BNF 19 θεωρούμεναι p οὗτος x οὗτος A οὕτως pAst fort. rectius 20 διατοῦτο A 21 τινὰς y om. APpAst seclusi καλοῦσιν MLBN αἱ om. F 22 πάντα PpAst 24 ἄλογα] ἄλλαγα F περιέσχεν] ἔσχεν NF

ἀριθμητικὴν μεσότητα· εἰ γὰρ ἐκείνη μὲν ἐν ἐλαχίστῳ α' β' γ' φαίνεται, τούτων δὲ ἦν σύστημα ἡ ἑξάς, ἀναλογιῶν ἂν τὴν πρωτίστην δέχοιτο ἔμφασιν καὶ τὴν αὐτοῦ τοῦ ἀριθμοῦ εἰδοποίησιν, εἴπερ τὸ ἴδιον τῆς αὐτοῦ μεσότητος εἰς ταύ-
5 την συγκεφαλαιοῦται, ἀλλὰ καὶ σκαληνοῦ ἡ πρωτίστη σωμάτωσις μέχρις αὐτῆς στερεοῦται, α' β' γ'. ὅτι τὴν ἑξάδα ὁλομέλειαν προσηγόρευον οἱ Πυθαγορικοὶ κατακολουθοῦντες Ὀρφεῖ, ἤτοι παρόσον ὅλη τοῖς μέρεσιν ἢ μέλεσιν ἴση ἐστὶ
37 μόνη τῶν ἐντὸς δεκάδος, ἢ ἐπειδὴ ὅλον καὶ τὸ πᾶν κατ'
10 αὐτὴν διαμεμέρισται καὶ ἐμμελὲς ὑπάρχει· ἑπτὰ γὰρ κινημάτων ἀστερικῶν ὑπαρχόντων παρὲξ τοῦ τῶν ἀπλανῶν ὀγδόου μέν, οὐχ ἁπλοῦ δέ, καὶ φθόγγους ἀποτελούντων ἰσαρίθμους διὰ τῆς ῥοιζήσεως, ἀνάγκη τὰ διαστήματα αὐτῶν καὶ οἷον μεσότητας ἓξ ὑπάρχειν. ταύτην φίλωσιν οἰκείως κατονομά-
15 ζουσιν· αὕτη γὰρ συμπλεκτικὴ ἄρρενος καὶ θήλεος κατ' ἔγκρασιν, ἀλλ' οὐχ ὡς ἡ πεντὰς κατὰ παράθεσιν. καὶ εἰρήνη δὲ καλεῖται εἰκότως καὶ πολὺ πρότερον ἀπὸ τῆς διατάξεως τῆσδε κόσμος· καὶ γὰρ ὁ κόσμος, ὥσπερ καὶ ὁ ς', ἐξ ἐναντίων πολλάκις ὤφθη συνεστὼς καθ' ἁρμονίαν, καὶ ἡ συν-
20 αρίθμησις τοῦ κόσμου ὀνόματος ἑξακόσιά ἐστιν. ἐκάλουν δὲ αὐτὴν ὑγείαν καὶ ἄκμονα τὴν οἷον ἀκάματον, ὅτι εὐλόγως τὰ τῶν κοσμικῶν στοιχείων ἀρχικώτατα τρίγωνα μετέχει αὐτῆς. καθ' ἕκαστον ἓξ ὑπάρχοντα, εἰ καθέτοις τρισὶ διανέμοιτο· ἑξαχῶς γὰρ ἂν πάντως διανεμηθείη. διὰ τοῦτο τοσαῦται μὲν αἱ

6sqq. cf. Lobeck Aglaoph. p. 717. Orph. fr. 146 Abel
6 sq. ὁλομέλειαν: Ph. οὐλομέλεια   14 φίλωσιν Iambl. p. 34, 26
φιλία Ph. Lyd. II 11   16 εἰρήνη Ph.   21 ὑγείαν Ph. Iambl.
p. 34, 22. Lyd. ἄκμονα Ph.

---

2 ἦν om. B   3 sq. διὰ τοῦτο post ἀριθμοῦ add. A: fort.
in textum recipiendum   4 τε xAp γε Ast in adn. τὸ Heiberg
5 σκαλινοῦ P   6 μέχρι MLPpAst   7 κατ' ἀκολουθοῦντες LB
8 παρ' ὅσον B μέλ. ἢ μέρ. pAst   10 διαμέρισται F   11 πάρεξ
yA   13 ῥιζήσεως NF   14 φίλωσιν xAp φιλίωσιν Meurs. Ast at
cf. Iambl.   14 sq. κατωνομάζουσιν B   15 sq. ἔγκασιν F   16 καταπαράθεσιν BF   18 ἓξ y ς' APpAst   18 sq. ἐξεναντίων NP
19 καθαρμονίαν N   22 ἀρχικότατα NF   24 πάντες F διατοῦτο AB

πυραμίδος πλευραί, τοσαῦτα δὲ καὶ τὰ τοῦ κύβου ἐπίπεδα, τοσαῦται δὲ καὶ αἱ ὀκταέδρου γωνίαι καὶ δωδεκαέδρου βάσεις κύβου τε καὶ ὀκταέδρου καὶ εἰκοσαέδρου πλευραί, καὶ οὐδὲν ἀπήλλακται τοῦ ἕδραις ἢ γωνίαις ἢ πλευραῖς ἐφάπτεσθαι πάντως τῆς ἑξάδος. καὶ ἓξ μὲν ὑπὲρ γῆν, ἓξ δὲ ὑπὸ γῆν ζώ- 5
δια. ὅτι μέχρι πεντάδος ἡ ἀπὸ μονάδος πρόβασις ἁπλῆ, ἀπὸ δ' αὐτῆς παλινῳδουμένη καὶ ἐξ ἄλλης αὖθις ἀρχῆς· ἓν γὰρ καὶ πέντε ὁ τοῦ ἓξ συνεχής, καὶ δύο καὶ πέντε ὁ μετ' ἐκεῖνον, εἶτα τρία καὶ πέντε ἐφεξῆς, εἶτα τέσσαρα καὶ πέντε, εἶθ' ὁ τελευταῖος δὶς πέντε, διὰ τὴν αὐτὴν τοῦ πέντε πρὸς ἑαυτὴν 10 ὑπάκουσιν. ἑκατηβελέτιν δὲ αὐτὴν καὶ τριοδῖτιν καὶ διχρονίαν πρὸς τούτοις ἐκάλουν· ἑκατηβελέτιν μὲν ἀπὸ τοῦ τὴν τριάδα, ἣν Ἑκάτην οὖσαν παρειλήφαμεν, βολήσασαν καὶ οἷον ἐπισυντεθεῖσαν ἀπογεννῆσαι αὐτήν· τριοδῖτιν δὲ τάχα μὲν | παρὰ τὴν τῆς θεοῦ φύσιν, εἰκὸς δέ, ὅτι καὶ ἡ ἑξὰς τὰ 38
τρία τῶν διαστάσεων κινήματα πρώτη ἔλαχε, διχόθεν πεπε- 16
ρασμένα ἀμφοτέραις καθ' ἕκαστον περιστάσεσι· διχρονίαν δὲ παρὰ τὴν ἀπονέμησιν τοῦ παντὸς χρόνου, ἣν ἑξὰς τῶν ὑπὲρ γῆν καὶ ὑπὸ γῆν ζῳδίων διατελεῖ, ἢ ὅτι τῇ τριάδι προσῳκειώθη ὁ χρόνος τριμερὴς ὤν, διὰ δὲ ⟨δύο⟩ τριῶν ἡ ἑξάς. 20
παρὰ δὲ τὸ αὐτὸ καὶ Ἀμφιτρίτην ἐκάλουν αὐτήν, ἀμφὶς ἑαυτῆς δύο παρέχουσαν τριάδας· τὸ γὰρ ἀμφὶς κατὰ διχασμὸν χωρίς ἐστι. τὸ δ' ἀγχίδικος ὄνομα καθ' ἁπλῆν ἔννοιαν

---

11 sqq. ἑκατηβ., τριοδῖτιν, διχρονίαν, Ἑκάτην Ph. (cf. Lyd. III 10)   21 Ἀμφιτρίτην, 23 ἀγχίδικος Ph.

2 τοσαῦτα P   7 δὲ pAst   παλινῳδουμένη MLNF παλινῳδ. ABPp παλινῳδ. Ast   καὶ om. A   8 τῷ xApAst τοῦ Heiberg   ἓξ yA ϛ' PpAst   9 δ' καὶ ε' A   10 τοῦ ε' xpAst τοῦ πέντε A   10 sq. πρὸς ἑαυτὴν ὑπάκουσιν yA πρὸς ε' αὐτὴν ὑπακούουσιν P πρὸς ε' (om. αὐτὴν) pAst   11 ἑκατηβελέτην FPp ἑκατηβελέτην N ead. m. corr.   τριοδίτην B ead. m. corr.   καὶ alt. bis N   12 πρὸ Meurs.   15 μὲν om. Meurs.   16 ἔλαχεν x   17 καθέκαστον AM περιστάσεσι AML περιστάσεσιν BNF παραστάσεσι PpAst   διχρονία xAp corr. Ast   18 ἀπονέμεσιν p   20 δύο add. Meurs.Ast   22 sq. καταδιχασμὸν N   23 χωρὶς yA χωρίη Pp χωρίου Ast   ἀγχικος B ἀγχιδικὸς F ἀγχιδίκης Meurs.   ἔννοια p

προσήρμοζον αυτή, ότι γείτων μάλιστα τη πεντάδι ή εξάς. Θάλεια δε ή αυτή δια την των ετέρων αρμονίαν, και πανάκεια διά τα περί υγείας προειρημένα εις αυτήν, ή οίον πανάρκεια, αρκετώς κεχορηγημένη τοις μέρεσιν εις την ολότητα. ότι επτά των σφαιρών ουσών κατά την εξάδα τα διαστήματά εστι· μονάδι γαρ αει ελάττονα. και του κύβου δε, ο εστι της σωματότητος, εξ αι βάσεις των τριών πέρατα ούσαι διαστημάτων. δια δε την του κόσμου κατά την εξάδα τελειότητα η του δημιουργήσαντος θεού αρετή εξαδική δικαίως ενομίσθη· μόνη γαρ πασών αρετών θεία και τελεία ως αληθώς ακρότης και κατ' ουδέν μεσότητος κοινωνούσα η σοφία υπάρχει, εν απλούν αντίθετον έχουσα μόνην την αυτής στέρησιν την αμαθίαν, τω μήτε υπερβάλλειν μήτε ελλείπειν· ουδέ άλλης μέν τινος άπεστιν αρετής, αλλά συνυπάρχει πάσαις ως θνηταίς, ταύτη δε μόνη ου πλεονάζει δια την εξάδος μετοχήν ούτε πλέον ούτε έλαττον προς τα μέρη, ισότητα δε πάντως έχουση κακ τούτου τελειότητα και ολότητα, ή κατείληπται ο σοφία θεού και προνοία μηχανηθείς κόσμος, αυτός τε και επί μέρους εν αυτώ φυτά και ζώα, ως καν τοις περί εβδομάδος φανήσεται. και νυν δέ, εφ' όσον εξάδι προσήκεν, ούτως ορατέον κατ' επιδρομήν από μονάδος εν τω Πυθαγορικώ ορθογωνίω τριγώνω την | πρόοδον ποιουμένοις· μία μεν η αυτόθεν ορθή εν αυτώ γωνία, δύο δε άνισοι μεν αλλήλαις, συναμφότεραι δε τη προλεχθείση ίσαι, καθά και τω από της εκείνην υποτεινούσης τετραγώνω αμφότερα τα εφ' εκατέρας αναπλασσόμενα των εκείνας υποτεινουσών· τρείς μεν αι κατά την

---
2 sq. Θάλεια, πανάκεια Ph. 5 cf. Lyd. IV 7

2 θήλεια xA Θάλεια Meurs.Ast post Θάλ. δε subaudi καλείται 2sq. πανάκια P 3 και post υγείας add. B 6 ελάττων xAp έλαττον (sc. διάστημα) Ast in adn. ελάττονα Heiberg 8 κοίμου F 9 ή] ή p εξαδική P 11 ή AMLBP ή NFpAst 12 αυτής xA αυτής pAst 15 ταύτη] αύτη Ast μόνη Ast 17 εχούσης xAp corr. Heiberg κάκ yA κάν P και pAst 18sq. επιμέρους NP επιμερούς p 21sq. ορθογονίω P 22 πρόσοδον xp πρόοδον AAst 23 άνισαι xpAst άνισοι A 24 ίσαι A τώ] τό B 26 εκείναις F

THEOLOGOUMENA ARITHMETICAE 51

ἐλάττονα τῶν περὶ τὴν ὀρθήν, τέτταρες δὲ αἱ περὶ τὴν μείζονα, πέντε δὲ ⟨αἱ⟩ περὶ τὴν ὑποτείνουσαν, ἓξ δὲ αἱ τοῦ ἐμβαδοῦ, τουτέστι[ν αἱ] τοῦ ἡμισεύματος τοῦ παραλληλογράμμου, ὅπερ ἡ τοῦ παραλληλογράμμου περιώρισε διάμετρος. ἀπὸ γὰρ μονάδος συνεχὴς μέχρις ἑξάδος ἡ πρόοδος, ἀπὸ δὲ ἑξάδος ἐπὶ 5 τῶν διπλασίων ἡ μουσική, ἀπὸ δὲ τούτων ἡ εἰς πάντα τὰ ὅλα διατείνουσα καθάρμοσις, ἐπὶ δὲ γονιμότητος ἑπταμήνων καὶ ἐννεαμήνων καὶ μᾶλλον· ἐάν τε γὰρ (κατὰ τὰ ψυχικὰ δύο ἀποχετεύματα διπλάσια καὶ τριπλάσια) ἡ πρόβασις ἀπὸ ἑξάδος διὰ δωδεκάδος χωρῇ διπλασίως, ἐάν τε δι' ὀκτωκαιδεκάδος 10 τριπλασίως, συμπεπλήρωται ἕκαστον διάστημα, ὥστε δύο λαβεῖν μεσότητας, τὴν μὲν ταὐτῷ μέρει τῶν ἄκρων αὐτῶν ὑπερέχουσάν τε καὶ ὑπερεχομένην, τὴν δὲ ἴσῳ μὲν κατ' ἀριθμὸν ὑπερέχουσαν, ἴσῳ δὲ ὑπερεχομένην, ἡμιολίων τε καὶ ἐπιτρίτων διαστημάτων λόγους ἀναδέξασθαι, ⟨καὶ⟩ καθ' ἑκάτερον πάντως 15 ἡ δηλουμένη φύσεται ζωογονία· ἐν μὲν γὰρ τῷ διπλασίῳ τῷ ϛ' καὶ τῷ ιβ' μεσασθέντων τοῦ η' καὶ θ', (καὶ τὰ λεχθέντα τρανῶς ἀποτελεσάντων), τὸ ὁμοῦ πάντων σύστημα ὁ λε' ἑξάδι αὐξηθὲν ἑπτάμηνον χρόνον ἀποτελεῖ τὸν τῶν σι' ἡμερῶν, ἐν δὲ τῷ ϛ' καὶ ιη' τὰ θ' καὶ τὰ ιβ' μεσεμβοληθέντα καὶ τὴν αὐτὴν 20 ἐναλλὰξ ἁρμονικὴν σχέσιν ἀποδόντα, συγκεφαλαιωθέντα τὸν με' ἀποτελεῖ, ὃς τῇ αὐτῇ ἑξάδι αὐξηθεὶς τὸν τῶν θ' μηνῶν ἀποδώσει ἀριθμόν, ἡμερῶν ὄντα σο', ὥστε ἀμφοτέρους τοὺς ζωογονικοὺς τούτους χρόνους ἠρτῆσθαι τῆς ἑξάδος, ὡς ἂν ψυχοειδοῦς. ἡ γοῦν πρώτη παρὰ Πλάτωνι ἐν τῇ ψυχογονίᾳ 25

10 sqq. cf. Plat. Tim. 36 A 16 sqq. cf. Macr. I 6, 15

1 τέσσαρες xpAst τέτταρες A 2 αἱ addidi 3 αἱ secl. Heiberg 4 ὅπερ ἡ τοῦ παραλλ. om. B περιώρησε Pp 5 συνεχὴς F μέχρι A πρόοδρος A 6 τὸν διπλάσιον xApAst corr. Heiberg cl. Mart. Cap. VII 737 9 ἀποχετ. ex ἀποχευτεύματα ead. m. corr. N 'vide ne scribi oporteat διπλασία καὶ τριπλασία' Ast 10 διαδωδεκάδος NFPp χωρεῖ B παραπλησίως xApAst διπλασίως Heiberg δι' ApAst δ' x 13 sq. τὴν δὲ ... ὑπερεχομένην solus A praebet: cf. Plat. 14 ἴσω A 15 καὶ add. Heiberg 17 μεσαθέντων B 18 ἀποτελεσθήτω xApAst ἀποτελεσάντων Heiberg 19 ϛ'] ἕκτω NF 21 συγκεφαλαιοθέντα N συγκεφαλεοθέντα F 22 θ'] ἐννέα NF 23 ἀφοτέρους N 25 παραπλάτωνι B

μοῖρα ἑξὰς διὰ τοῦτο ὡς εὐλογιστότερον τίθεται, διπλασία δὲ αὐτῆς ἡ δωδεκάς, τριπλασία δὲ ἡ ὀκτωκαιδεκὰς μέχρι τῆς | ρξβ' ἑπτακαιεικοσαπλασίας· ἐν γὰρ ταύταις ταῖς ποσότησιν ἡ τῶν δύο μεσοτήτων ἐνορᾶται φύσις πρώταις ἐλαχίσταις ἥ τε τοῦ ἀνὰ μέσον ἀμφοῖν ἐπογδόου διαστήματος. ἐπεὶ δὲ ὁ ἀπὸ τοῦ ϛ' κύβος σιϛ' γίνεται, ὁ ἐπὶ ἑπταμήνων γονίμων χρόνος, συναριθμουμένων τοῖς ἑπτὰ τῶν ἓξ ἡμερῶν, ἐν αἷς ἀφροῦται καὶ διαφύσεις σπέρματος λαμβάνει τὸ σπέρμα, Ἀνδροκύδης τε ὁ Πυθαγορικὸς ὁ Περὶ τῶν συμβόλων γράψας καὶ Εὐβουλίδης ὁ Πυθαγορικὸς καὶ Ἀριστόξενος καὶ Ἱππόβοτος καὶ Νεάνθης οἱ τὰ κατὰ τὸν ἄνδρα ἀναγράψαντες σιϛ' ἔτεσι τὰς μετεμψυχώσεις τὰς αὐτῷ συμβεβηκυίας ἔφασαν γεγονέναι. μετὰ τοσαῦτα γοῦν ἔτη εἰς παλιγγενεσίαν ἐλθεῖν Πυθαγόραν καὶ ἀναζῆσαι ὡσανεὶ μετὰ τὴν πρώτην ἀνακύκλησιν καὶ ἐπάνοδον τοῦ ἀπὸ ἐξ ψυχογονικοῦ κύβου, τοῦ δ' αὐτοῦ καὶ ἀποκαταστατικοῦ διὰ τὸ σφαιρικόν, ὡς δὲ καὶ ἄλλοτε διὰ τούτων ἀνάζησιν ἔσχεν· ᾧ καὶ συμφωνεῖ τὸ Εὐφόρβου τὴν ψυχὴν ἐσχηκέναι κατά γε τοὺς χρόνους· φ' γὰρ καὶ ιδ' ἔτη ἔγγιστα ἀπὸ τῶν Τρωικῶν ἱστορεῖται μέχρι Ξενοφάνους τοῦ φυσικοῦ καὶ τῶν Ἀνακρέοντός τε καὶ Πολυκράτους χρόνων καὶ τῆς ὑπὸ Ἁρπάγου τοῦ Μήδου Ἰώνων πολιορκίας καὶ ἀναστάσεως, ἣν Φωκεῖς φυγόντες Μασσαλίαν ᾤκησαν· πᾶσι γὰρ τούτοις ὁμόχρονος ὁ Πυθαγόρας· ὑπὸ Καμβύσου γοῦν ἱστορεῖται Αἴγυπτον ἑλόντος συνηχμαλωτίσθαι ἐκεῖ συνδιατρίβων τοῖς ἱερεῦσι καὶ εἰς Βαβυλῶνα μετελθὼν τὰς βαρβαρικὰς τελετὰς μυηθῆναι, ὅ τε Καμβύσης τῇ Πολυκράτους μάλιστα τυραννίδι συνεχρόνει, ἣν φεύγων εἰς Αἴγυπτον μετῆλθε Πυθαγόρας. δὶς οὖν ἀφαιρεθείσης τῆς περιόδου, τουτέστι δὶς τῶν σις' ἐτῶν, λοιπὰ γίνεται τὰ τοῦ βίου αὐτοῦ πβ'. τῆς οὖν τοῦ ϛ' ἀριθμοῦ φύσεως διατεινούσης πως εἰς ψυχῆς συγγένειαν καὶ εἰδοποίησιν, συλληπτικὰ ἂν καὶ τὰ ὑπὸ Πλάτωνος λεγόμενα εἰς τοῦτον τὸν τρόπον εὑρεθείη· τὸ γὰρ σύγκριμα, ἀφ' οὗ ἡ τῆς | ψυχογονίας διανομὴ καὶ τῶν μέχρις ἑπτακαιεικοσαπλασίων μοιρῶν ἀπόστασις, ἑξαδικὸν καὶ κατ' αὐτὸν ὑπάρχει εἰς οὐδὲν ἄλλο ἀπιδόντα ἢ εἰς αὐτὴν τὴν περὶ ἑξάδος ὑφ' ἡμῶν λεχθεῖσαν ἰδιότητα. ἐπεὶ γὰρ αὕτη οὐ μόνον ἀρτιοπερίσσου τῆς μονάδος ἐναργές ἐστι πρὸ τῶν ἄλλων ὁμοίωμα, πρωτίστη ἐναντιωνυμούμενα καὶ ἀντωνυμοῦντα ἔχουσα τὰ μόρια (τρίτον μὲν β', ἥμισυ δὲ γ', ἕκτον α', ὅλον δὲ ϛ'), ἀλλὰ καὶ τοῦ πρώτου κατ' ἐνέργειαν περισσοῦ καὶ τοῦ ὁμοίως ἀρτίου σύγκριμά ἐστιν ἅμα καὶ ἥμισυ διὰ τοῦτο μόνη ἀπὸ πάντων τῶν ἐντὸς δεκάδος, ὥστε ὑπάρχειν τρανὲς τῆς ἀμερίστου οὐσίας καὶ τῆς μεριστῆς μίγμα, ἑτερομήκης δὲ ἄντικρυς πρὸ τῶν ἄλλων, δυάδος τοῦτο οὐκ εὐλόγως ἔχειν νομιζομένης, καὶ πρὸς τούτοις στερεὸς πρῶτος ἀριθμῶν πεφώραται, καὶ εἰ σκαληνός, ἀλλ' οὖν τριχῇ διαστατὸς διὰ τὰς μεσότητας ἡ ἐλαχίστη συμπασῶν κατ' αὐτὴν τοῖς

---

1 ὑποκαμβύσου B   γοῦν om. B   ἄγυπτον F   2 ἱερεῦσιν M LBPN ἱερῦσιν F   3 βαρικὰς F   τελευτὰς Pp   ὅτε xApAstDiels ὅ τε scripsi   4 μάλιστα yA   μέχρι PpAstDiels   τυρανίδι B   6 τουτέτι M   τοῦτ' ἔστι Diels   γίγνεται BNF   11 μέχρι A ἑπτακαιεικοσιπλασίων NP   ἑπτὰ καὶ εἴκοσα πλασίων B   ἑπτακαιείκοσι πλασίων F   12 αὐτὴν xAp (κατ' αὐτὴν N)   αὐτὸν Ast in adn.   ἀπιδόντος xAp (ἀπιδόντες B)   ἀπιδόντα Ast in adn. 14 ἀρτιοπερίσσου p   πρὸ xAAst in adn.   πρὸς p   15 προτίστην p   15 sq. ἀντονυμοῦντα p   16 δὲ] δὴ Pp   17 α'] ἕνα B ϛ'] ἓξ LBNF   πρότου F   19 διατοῦτο AML   ἐντὸς xAAst in adn.   ἐκτὸς p   21 δὲ] τε A   23 εἰ yA om. PpAst   24 διατὰς B διὰ τὰς κτλ vix intelligenda

54 IAMBLICHI

τε ἰδίοις μέρεσι τελείως ἐξεταζομένων, εἰκότως διὰ πάντα ταῦτα τὸ κέρασμα ὁ Πλάτων συνεκεράσατο, πρῶτον μὲν τῆς τοῦ ἀμερίστου οὐσίας, δεύτερον δὲ τῆς μεριστῆς, τρίτον δὲ τοῦ ἐξ ἀμφοῖν, ἵνα δύο ὄντα τρίτα καθ' ἑκάτερον ὑπάρχῃ ἢ τρία
5 κατὰ ἀντιδιαστολὴν διττά, ἴσον τῷ δὶς τρία ἢ τρὶς δύο, περισσὸν καὶ ἄρτιον καὶ ἀρτιοπέρισσον, τετράγωνος, ἑτερομήκης. ὅτι δὲ οὐδὲ ἐντὸς ἑξάδος δυνατὸν εὑρεῖν ἕτερον ἀριθμὸν τῶν τῆς ψυχῆς ἁρμονίας λόγων πάντων ἐπιδεκτικόν, καὶ Ἀρισταῖος ὁ Πυθαγορικὸς δείκνυσιν.

VII περὶ ἑπτάδος. Ἀνατολίου.

11 Ὅτι ὁ ἑπτὰ ἀμήτωρ καὶ παρθένος. ἀπὸ μονάδος συντεθεὶς τὸν κη' ποιεῖ τέλειον. ἡμέραι σελήνης κη' καθ' ἑβδομάδας συμπληρωθεῖσαι. ἀπὸ μονάδος ἑπτὰ ἀριθμοὶ ἐν διπλασίονι λόγῳ προσαυξηθέντες ποιοῦσι τὸν πρῶτον τετράγωνον ὁμοῦ καὶ κύβον
42 τὸν ξδ', α' β' δ' η' ις' λβ' ξδ'· ἐν τριπλασίονι δὲ | λόγῳ
16 προσαυξηθέντες ἑπτὰ ἀριθμοὶ ποιοῦσι τὸν δεύτερον τετράγωνον

Scholium codicis A in vv. 14sqq. ὁ ξδ' ἀπὸ μὲν πλευρᾶς τοῦ ⟨η'⟩ γίνεται τετράγωνος, ἀπὸ ⟨δὲ⟩ πλευρᾶς τοῦ δ' κύβος· ὁ δὲ ψκθ' ἀπὸ μὲν ⟨πλευρᾶς⟩ τοῦ κς' γίνεται τετράγ⟨ωνος⟩, ἀπὸ δὲ
20 πλευρᾶς τοῦ θ' κ⟨ύβος⟩

2 Πλάτων Tim. 35 A   11—p. 56, 7 = An. p. 35, 8sqq.
11 cf. Ph. Clem. Al. strom. VI 16, 140, 1. Philo de op. m. 33. leg. all. I 5 quis rer. div. her. 35. 44 vita Mos. II 209. quaest. in Gen. II 12. III 49. [Soter.] ad Nicom. Ar. p. 3, 22 Hoche. Stob. ecl. I 20. Lyd. II 12, III 9. Hierocl. FPhGr. I 465. Mart. Cap. VII 738. Chalc. p. 102, 11. Favon. p. 9, 20 sq. Macr. I 6, 11. Alex. Aphr. in met. p. 39, 8 Hayd. Anon. ap. Tannery Dioph. II 75. Del. p. 168, 15. Ambr. Migne PL 14, 397 D. 519 B. Theo p. 103, 4 sq. etc. 11sq. cf. Philo de op. m. 34 12sq. cf. Theo p. 103, 19 sq. Philo leg. all. I 4

1 τελέως AM ἐξεταζόμενον xAp corr. Ast διαπάντα B
2 συνεκεράσατο F τοῦ om. F 3 τοῦ] malim τῆς 4 τρίτον καθεκάτερον B ἢ τρία yA ἡ τριάς PpAst 5 ἴσον τῷ yA ἴσον τῶν P ἴσων τᾶν pAst 8 λέγων NF ἀριστέος B 9 δείκνυσι pAst om. NF 11 ἀμήτων B 12 κη' alt] εἰκοσιοκτώ NF ἑβδομάδα xApAst ἑβδομάδας scripsi cll. An. et Theone 13 ἀριθμὸς NF 15 τριπλασίωνι NF ead. m. corr. 16 δεύτερον om. A
18—20 supplevi

καὶ κύβον τὸν ψκθ´, α´ γ´ θ´ κζ´ πα´ σμγ´ ψκθ´. ἔτι ἑβδομὰς ἐκ τῶν τριῶν διαστάσεων, μήκους πλάτους βάθους, καὶ τῶν τεσσάρων περάτων, σημείου γραμμῆς ἐπιφανείας πάχους, σῶμα δείκνυσιν. ὁ ζ´ λέγεται τῆς πρώτης συμφωνίας ἀριθμὸς εἶναι τῆς διὰ δ´ δ´, ἀναλογίας τε γεωμετρικῆς α´ β´ δ´. καλεῖται καὶ τελεσφόρος· γόνιμα γὰρ τὰ ἑπτάμηνα. ἐν νόσοις κρίσιμος ἡ ἑβδομάς. τοῦ πρωτοτύπου ὀρθογωνίου τριγώνου ὁ ζ´ περιέχει τὰς περὶ τὴν ὀρθὴν γωνίαν πλευράς· τῶν γὰρ πλευρῶν ἡ μὲν δ´, ἡ δὲ γ´. πλάνητες ζ´. ἑπτὰ ὁρῶμεν, σῶμα διάστασιν σχῆμα μέγεθος χρῶμα κίνησιν στάσιν. κινήσεις ἑπτά, ἄνω κάτω πρόσω ὀπίσω δεξιὰ ἀριστερὰ [μέσον] ἐν κύκλῳ. Πλάτων ἐξ ἑπτὰ ἀριθμῶν συνέστησε τὴν ψυχήν. πάντα φιλέβδομα. φωνήεντα ἑπτά, φωνῆς μεταβολαὶ ἑπτά. ἡλικίαι ζ´, ὥς φησιν Ἱπποκράτης· *ἑπτὰ εἰσιν ὧραι, ἃς ἡλικίας καλέομεν, παιδίον παῖς μειράκιον νεανίσκος ἀνὴρ πρεσβύτης γέρων* καὶ

1—3 cf. Philo de op. m. 34. 37. quis rer. div. her. 28   6 τελεσφόρος Philo de op. m. 34   γόνιμα Philo de op. m. 41. leg. all. I 4. Theo p. 104, 4   κρίσιμος cf. Theo p. 104, 9 sq. Galen. XVIII 2, 232 Kühn. Chalc. p. 103, 1   9 πλάνητες Philo leg. all. I 4. Lyd. II 10. Clem. Al. strom. VI 16, 143, 1. Macr. I 6, 47. Mart. Cap. VII 738. Isid. Migne PL 83, 188. σῶμα κτλ. cf. Lyd. II 12. Philo de op. m. 41   10 sq. κινήσεις κτλ. cf. Philo de op. m. 41. leg. all. I 2. Lyd. II 12. Mart. Cap. VII 736   11 Πλάτων Tim. 35 D cf. Theo p. 103, 17 sq. Lyd. II 12. Macr. I 6, 46   12 πάντα φιλ. cf. Philo de op. m. 38   φωνήεντα Philo de op. m. 42. leg. all. I 5. Lyd. II 12. Chalc. p. 103, 7. Isid. l. l.   13 μεταβολαί Philo de op. m. 41. leg. all. I 5. Lyd. II 12   ἡλικίαι cf. Clem. Al. strom. VI 16, 144, 3. Censor. d. die n. 14, 3. Hermipp. de astr. p. 22 sq. Kroll. Schol. Hes. op. 439 etc. Ἱπποκράτης de sept. 5 (VIII 636 Littré) = Philo de op. m. 36

---

1 ψκθ´ (pr.) xA (ex βρπζ´ ead. m. corr. A) ψκδ´ pAst   2 τριῶν ... καὶ τῶν y AAn. om. PpAst   5 δ´ pr.] τεσσάρων A δγ´ xA δ´ γ´ Ast in adn. δ^γ (i. e. 4/3) scripsi cl. An.   9 γ´] τρία B ζ´ y AAn. ἑπτά PpAst   11 'ante δεξιά, ἀριστερά et μέσον excidisse opinor ἐπί, nisi malis μέσον in μέσῃ mutari' Ast; sed locus nulla fort. emend. indiget: cf. et An.   μέσον.] Ἐν κύκλοις Πλ. xApAst μέσον seclusi et ἐν κύκλῳ scripsi cll. An. Lydo et Philone   13 ἑπτά] ζ´ utrob. A   ζ´] MLBAAn. ἑπτά NFPpAst   14 ὧραι B   15 μειράκειον NF

παιδίον μὲν ἄχρις ἑπτὰ ἐτέων ὀδόντων ἐκβολῆς, παῖς
δ' ἄχρι ⟨γονῆς⟩ ἐκφύσιος, ἐς τὰ δὶς ζ', μειράκιον δ'
ἄχρι γενείου λαχνώσιος, ἐς τὰ τρὶς ζ', νεανίσκος δ'
ἔστ' αὐξήσιος ὅλου τοῦ σώματος, ἐς τὰ τετράκις ζ',
5 ἀνὴρ δὲ ἄχρις ἑνὸς δέοντος ⟨ἐτέων πεντήκοντα,⟩ ἐς
τὰ ἑπτάκις ζ', πρεσβύτης δ' ἄχρις ἐτέων νς', ἐς τὰ
ἑπτάκις η', τὸ δ' ἐντεῦθεν γέρων.'

ἐκ τοῦ δευτέρου βιβλίου τῆς Ἀριθμητικῆς τοῦ
Γερασηνοῦ Νικομάχου.

10 Ἀγέλεια μὲν λέγεται ἀπὸ τοῦ συνειλῆσθαι καὶ συνῆ-
χθαι ἑνοειδῶς τὴν σύστασιν αὐτῆς, ἐπείπερ παντοίως ἄλυτος,
πλὴν εἰς τὸ ὁμώνυμον, ἢ ἀπὸ τοῦ πάντα ἀγηοχέναι δι' αὑτῆς
τὰ φυσικὰ ἀποτελέσματα εἰς τελείωσιν, ἢ μᾶλλον, ὃ καὶ Πυθα-
43 γορικώτερον, ἐπειδὴ καὶ Βαβυλωνίων οἱ δοκιμώτατοι | καὶ
15 Ὁστάνης καὶ Ζωροάστρης ἀγέλας κυρίως καλοῦσι τὰς ἀστερικὰς

---

2 γονῆς ἐκφ. cf. Theo p. 104, 6 sq. Philo leg. all. I 4. quaest.
in Gen. III 61. Chalc. p. 102, 17 etc. 3 γενείου cf. Theo
p. 104, 7 sq. Mart. Cap. VII 739. Censor. d. die n. 14, 7. Chalc.
p. 102, 19. Favon. p. 9, 29 sq. Isid. Migne PL 83, 188
10 Ἀγέλεια Ph.

---

1 ζ' A   ἐκβολή yAAst ἐκβολήν P ἐκβολῆς scripsi cll. An. et
Philone   2 δὲ pr. P ἄχρις xApAst γονῆς add. Ast in adn.:
cf. enim An. et Philo μειράκιον NF δ' om. BAn.   3 λαχνώ-
σεως xApAstAn. λαχνώσιος scripsi: cf. Philo (v. et adn.) ζ' om.
B   3 sq. δὲ ἐς τ' F ἐστ' P   4 malim ἔστ' ⟨ἐπὶ⟩ αὔξησιν αὐξή-
σεως xApAstAn. αὐξήσιος scripsi cl. Philone 5—6 ἀνὴρ δὲ...
ἑπτάκις ζ' A An. Philo om. xpAst   5 ἐτέων πεντήκοντα addidi
cll. An. ac Philone   6 δὲ A δ' ἄχρις om. B ἐτῶν xApAst
An. om. Philo ἐτέων scripsi   7 η'] ὀκτώ BNFPhilo malim
τὰ ὀκτάκις ζ'   δὲ AMLPNFpAst   8 τῶν θεολογουμένων ἀριθμη-
τικῶν vel τῶν θεολογουμένων τῆς ἀρ. legi vult Ast: at cf. Del.
p. 178   9 γερασινοῦ NFPp   10 ἀγγελία Meurs. γὰρ post
μὲν add. A   10 sq. συνῆσθαι F   11 ἑνοειδής xpMeurs. ἑνοειδῶς
AAst   12 ὁμόνυμον p ἀγηοχέναι AMB ἀγηογέναι LNF ἀγαγέ-
ναι PpAst (ex 'γησγέναι alt. m. in marg. corr. P)   13 sq. πυθα-
γορικότερον p   14 Βαβιλωνίων p   15 Ὁστάνης pAst ζωρόαστρος
NF Ζωροαστρης p ἀγέρας xAp ἀγέλας Meurs.Ast   ἀστερικὰς
xAp ἀστρικὰς Meurs.Ast: at cf. supra p. 48, 11

σφαίρας, ήτοι παρ' όσον τελείως άγονται περί έν τι κέντρον μόναι παρά τά σωματικά μεγέθη, ή από τοῦ σύνδεσμοί πως καὶ συναγωγαὶ χρηματίζειν δογματίζεσθαι παρ' αὐτῶν τῶν φυσικῶν λογ⟨ί⟩ων, ἃς ἀγέλους κατὰ τὰ αὐτὰ καλοῦσιν ἐν τοῖς ἱεροῖς λόγοις, κατὰ παρέμπτωσιν δὲ τοῦ γάμμα ἐφθαρ- 5
μένως ἀγγέλους· διὸ καὶ τοὺς καθ' ἑκάστην τούτων τῶν ἀγελῶν ἐξάρχοντας ἀστέρας καὶ δαίμονας ὁμοίως ἀγγέλους καὶ ἀρχαγγέλους προσαγορεύεσθαι, οἵπερ εἰσὶν ἑπτὰ τὸν ἀριθμόν, ὥστε ἀγγελία κατὰ τοῦτο ἐτυμώτατα ἡ ἑβδομάς. μήτι δὲ καὶ φυλακῖτις ἡ αὐτὴ ἐκ τοῦ αὐτοῦ· οὐ γὰρ μόνον παρὰ τὸν τῶν 10
φυλάκων ἀριθμὸν ἕπτ' ἔσονται ἡγεμόνες, ἀλλὰ καὶ ὅτι οἱ φυλάσσοντες τὸ πᾶν καὶ ἐν συνοχῇ καὶ αἰωνίῳ μονῇ διακρατοῦντες τοσοῦτοί εἰσιν ἀστέρες. ὅτι τὴν ἑπτάδα οἱ Πυθαγόρειοι οὐχ ὁμοίαν τοῖς ἄλλοις φασὶν ἀριθμοῖς, ἀλλὰ σεβασμοῦ φασιν ἀξίαν· ἀμέλει σεπτάδα προσηγόρευον αὐτήν, καθὰ καὶ Πρῶρος 15 ὁ Πυθαγορικὸς ἐν τῷ Περὶ τῆς ἑβδομάδος φησί· διὸ καὶ ἐξεπίτηδες τὸν 'ἓξ διὰ τῆς ἐκφωνήσεως τοῦ κάππα καὶ σίγμα (ταῦτα γὰρ ἐν τῷ ξι συνεξακούεσθαι) ἐκφέρουσιν, ἵν' ἐν τῇ συνεχεῖ καθ' εἱρμὸν ἐπιφορᾷ τὸ σίγμα συνάπτηται τῷ ἑπτά. ὥστε λεληθότως ἐκφωνεῖσθαι σεπτά. τοῦ δὲ σεβάσμιον εἶναι 20 τὸν ἕβδομον ἀριθμὸν αἰτία ἥδε· ἡ τοῦ κοσμοποιοῦ θεοῦ πρό-

6sq. cf. Clem. Al. strom. VI, 16, 143, 1   9sq. φυλακῖτις Ph.
13sqq. cf. Ph. Philo de op. m. 42. Macr. I 6, 45. Del. p. 174,
44sq. etc.   15 Πρῶρος cf. Diels I³ 342, 27

1 ἕν τι yA περιόντι Pp Meurs. τὸ (om. ἕν) Ast   4 λογ⟨ί⟩ων corr. Roscher   ἃς] οὓς A   ἀγέλας xA   ἀγέλους pMeurs.Ast καλοῦσι P   5 παρέπτωσιν F   6 ἀγέλους F   ἀγελῶν yA   ἀγγέλων PpAst   7 ὁμοίους MLBPN ὁμοίον F ὁμοίως ApAst 7sq. καὶ ἀρχαγγέλους om. NF   8 ζ' A   9 ἐτυμώτατα ALBNF ἐτυμότατα MP pAst (ex ἐτυμώτατα ead. m. corr. M)   9sq. φυλακήτις AMLBP   φυλακή τις NFp   φυλακῖτις Ast cl. Ph.
10 τοῦ] τῆς p   12 πᾶς N   13 πυθαγόρειοι yA   πυθαγόριοι Pp Πυθαγορικοί Ast   14 ὁμοίαν xA ὁμοίως pAst   15 φησίν x 16—20 διὸ ... σεπτά secl. Roscher quippe quae Pythagoricus quidam italicus addiderit   16sq. ἐξεπήτηδες B   18 συνεξακούεται corr. AstRoscher   ἵνα PpAst   19 καθειρμὸν BNF 20 λεληθότος p   21 ζ' A   ἡ δὲ p

νοια τὰ ὄντα πάντα ἀπειργάσατο γενέσεως μὲν ἀρχὴν καὶ
ῥίζαν ἀπὸ τοῦ πρωτογόνου ἑνὸς ποιησαμένη τοῦ παντὸς εἰς
ἀπόμαξιν καὶ ἀφομοίωσιν ἰόντος ἀνωτάτου καλοῦ, συμπληρώ-
σεως δὲ τελείωσιν καὶ κατάκλεισιν ἐν αὐτῇ τῇ δεκάδι, ὄργανον
5 δέ τι καὶ ἄρθρον τὸ κυριώτατον καὶ τῆς ἀπεργασίας τὸ κράτος
ἀπειληφὸς τὴν ἑβδομάδα νομιστέον τῷ κοσμοποιῷ θεῷ ὑπάρ-
ξαι· μεσότης γάρ τις φυσικὴ καὶ οὐχ ἡμῶν θεμένων ἡ ἑβδο-
μὰς μονάδος καὶ δεκάδος, αἱ δὲ ἴδιαι μεσότητες κυριώτεραί |
44πως τῶν ἄκρων ὑπάρχουσι· πρὸς αὐτοῖς γὰρ ἑκατέρωθεν οἱ
10 λόγοι συννεύουσιν· οὐ μόνον οὖν ὅτι, ἐπειδὴ κατ' ἀριθμητι-
κὴν ἴσην σχέσιν μεσιτεύουσι μονάδος καὶ δεκάδος ὁ δ' καὶ ζ',
ἴσον τῇ τῶν ἄκρων συνθέσει τὸ ἀμφοτέρων αὐτῶν σύστημα
παρέχοντες, ὅσῳ πλεονάζει τοῦ ἑνὸς ὁ δ' τοσούτῳ τοῦ δέκα ὁ
ζ' λειπόμενος, καὶ ἐναλλάξ, ὅσῳ [ὁ] τοῦ ι' ὁ δ' λείπεται,
15 τοσούτῳ τοῦ α' ὁ ζ' πλεονάζων, ἀλλὰ καὶ ὅτι τὰ μὲν ἀπὸ
μονάδος μέχρι τετράδος δυνάμει δέκα ἐστίν, ἐνεργείᾳ δὲ αὐτὸ
τοῦτο ἡ δεκάς, ὁ δὲ ζ' ἀριθμητικὴ μεσότης τετράδος καὶ δε-
κάδος, τρόπον τινὰ δύο δεκάδων, τῆς μὲν δυνάμει, τῆς δὲ
ἐνεργείᾳ, ὑποδιπλάσιος ὢν τῆς ἀμφοῖν συνθέσεως. ἔτι δὲ καὶ
20 ἀκρόπολίς τις ὡσανεὶ καὶ δυσχείρωτον ἔρυμα μονάδι
ἀσχίστῳ κατὰ τοῦτο ἡ ἑβδομὰς ἐν τῇ δεκάδι φαίνεται· μονω-
τάτη γὰρ οὔτε πλάτος ἐπιδέχεται εὐθυμετρικὴ οὖσα καὶ μόνου
τοῦ ὁμωνύμου ἐπιδεκτικὴ μέρους, οὔτε μὴν μιγνυμένη τινὶ
τῶν ἐντὸς δεκάδος τινὰ τῶν ἐν αὐτῇ γεννᾷ, οὔτε μιγέντων
25 τινῶν τῶν μέχρι δεκάδος γεννᾶται, λόγον δὲ ἴδιον ἔχουσα καὶ

---

11 sq. cf. Ph. μεσότης μονάδος καὶ δεκάδος   23—25 cf. An.
p. 35, 6 sq.   Theo p. 103, 2 sq.   5 sqq.   Philo de op. m. 33. leg.

2 ποιησαμένης p   2—3 πάντα x Ap παντί... ἰόντι vel πάν-
των... ἰόντων legi vult Ast παντὸς scripsi   3 ἀνωτάτω A
6 ἀπειληφὼς F   8 ἴαι B   9 αὐτοῖς xA αὐτῆς p αὐτὴν Ast
10 συνεύουσιν xp συννεύουσιν AAst   12 ἴσον A   13 δέκα]
ι' A   14 ὁ yp ab alt. m. del. P om. A secl. Ast   ι'] δέκα
NF   15 πλεονάζει in marg. ab ead. m. πλεονάζων NF πλεο-
νάζον ex πλεονάζων ead. m. corr. A   16 δέκα] ι' A ἐστί M
PNFpAst   19 ὢ F   20 ἔρυμα xA ῥεῦμα pAst   21 τοῦτο]
scrib. ταὐτὸ   22 εὐθυμερικὴ BNF

ἀκοινώνητον καιριώτατα τέτακται. διὸ πολλὰ συντυγχάνει ἐν τοῖς κοσμικοῖς οὐρανίοις τε καὶ περιγείοις, ἄστράσι καὶ ζώοις καὶ φυτοῖς, κατ' αὐτὴν ἀποτελεῖσθαι· τοιγαροῦν τύχῃ τε ὡς πᾶσι παρεπομένη τοῖς ἀποβαίνουσιν ὀνομάζεται καὶ καιρὸς ἐπὶ τούτῳ, διότι καιριωτάτης τέτευχε χώρας καὶ φύσεως. μέγα δὲ τεκμήριον τοῦ λόγου καὶ τὸ ἐν ταῖς σφαίραις, ὀγδόην μὲν [τὴν] ἄνωθεν, τρίτην δὲ κάτωθεν τὴν σεληνιακὴν ὑπάρχουσαν τὴν τῶν περὶ γῆν ἀποτελεσμάτων ἀποτέλεσιν καὶ ἐξουσίαν ἀποφέρεσθαι, μεσαίχμιον νοουμένην τῶν τε ἄνωθεν καὶ τῶν κάτωθεν· καὶ αὐτὴ γὰρ ἑβδομάδι πρὸς ταῦτα ἐπιχρωμένη φαίνεται συλλαμβανούσης μέν πως ὡς ὑπασπιστοῦ τῆς τετράδος· — καὶ αὐτὴ γὰρ ἐν δεκάδι μεσότης ὤφθη σὺν αὐτῇ τῇ ἑβδομάδι, ⟨ὥστε⟩ ἀναγκαίως τελεσιουργία καὶ συμπλήρωσις τοῖς οὖσιν ἀποτελεῖται | δι' ἀμφοτέρων τῶν ἀριθμῶν, ἐπειδὴ καὶ ὁ κη', τέλειος τοῖς ἑαυτοῦ μέρεσιν ὤν, ἀμφοτέρων ἐγκραθέντων ἔργον ἐστί (τετράκι γὰρ ⟨ἑπτά⟩) —, συλλαμβανούσης δὲ πολύ τι πλέον τῆς ἑβδομάδος· ἡ γὰρ ἀπὸ μονάδος μέχρι αὐτῆς σύνθεσις ἀποτελεῖ αὐτόν. ἐπτάωροι οὖν αἱ τέσσαρες σεληνιακαὶ φάσεις

all. I 5. quaest. in Gen. II 12. Lyd. II 12. III 9. Hierocl. FPhGr. I 465. Clem. Al. VI 16, 140. 1. Anon. ap. Tannery Dioph. II 75. Mart. Cap. I 40. VII 738. Chalc. p. 101 sq. Favon. p. 9, 1 sqq. 19 sq. Ambros. Migne PL. 14, 397 D. Isid. 83, 186. Del. p. 168, 15 1 sq. cf. Philo de op. m. 38. Lyd. II 11   3 τύχη Ph. Lyd. IV 7   4 καιρὸς Ph. Lyd. IV 7. Philo de sept. 8. Alex. Aphr. in met. A 5, 985 B 26. Asclep. ibid. Anon. ap. Tannery Dioph. II 74 sq. Hesych. s. v. Del. p. 169, 16   9 μεσαίχμιον cf. Macr. I 21, 33   17 sq. cf. Macr. I 6, 52 etc.   18 sqq. cf. Macr. I 6, 55. An. p. 36, 3 sq. Theo p. 103, 21 sq. Clem. Al. strom. VI 16, 143, 2 sq.   Mart. Cap. VII 738.   Gell. n. a. III 10, 6.   Stob.

---

1 ἀκινώνητον B   κυριώτατα LBNF   2 ἄστρασι AMLBN ἄστερασι F   4 περεπομένη ML   περ ἑπομένη BNF   ὀνομάζεται p   5 κυριωτάτης xp καιριωτάτης A Ast   χώρας xA (χώρας F) χωρίης p χωρίας Ast   6 γε post μὲν perperam add. p Ast   7 τὴν pr. seclusi τὴν alt. y A om. Pp Ast   8 περιγῆν P ἀποτέλησιν corr. Ast in adn. sine iusta causa ut vid.   9 μεσέχμιον NF   11 συλλαμβάνουσα xA   συλλαμβανούσης Ast in adn.   ὡς ὑπασπιστοῦ xA   ὑπ' ἀσπιστοῦ p   ὥσπερ ἀσπιστοῦ Ast in adn.   13 ὥστε addidi   15 ἐγκεραθέντων p Ast   16 τετράκις Ast   ἑπτά add. Ast in adn.   18 δ' A   φύσεις B

ὑπάρχουσαι συμπληροῦσιν εὐλόγως τὸν τοῦ ἀστέρος τούτου
μῆνα, ἡμερῶν ὄντα ἔγγιστα κη'. συλλογίσασθαι δὲ δεῖ καὶ
τὰς ἑπτὰ σχηματικὰς μορφὰς τῆς σελήνης τετράδι, μηνοειδῆ
διχότομον ἀμφίκυρτον πανσέληνον, πάλιν ἄλλην ἀμφίκυρτον,
5 ἐκ θατέρου μέρους φωτιζομένης αὐτῆς, καὶ πάλιν διχότομον
κατὰ ταὐτὰ καὶ ἄλλην μηνοειδῆ. διατιθέμενον δὲ καὶ τὸν
ὠκεανὸν ὑπ' αὐτῆς κατὰ τοὺς ἑβδομαδικοὺς ἀριθμοὺς
ὁρῶμεν· νουμηνίᾳ μὲν μέγιστος ἐν τῷ πλημμύρειν ὁρᾶται,
δευτέρᾳ δὲ βραχὺ ὑποβεβηκώς, τρίτῃ ἔτι ἐλάσσων, καὶ κατὰ
10 τὸ ἑξῆς ἡ ἀνοίδησις τῆς πλημμυρίδος ἔτι μᾶλλον μειοῦται
μέχρι τῆς ἑβδόμης, ἥτις διχότομον τὴν σελήνην ἐπιδείκνυσι,
τὸ δ' αὖ ἀπὸ ταύτης ἐν τῇ ὀγδόῃ ἴσως πάλιν γίνεται τῇ
ἑβδόμῃ, τουτέστιν ἡ αὐτὴ δυνάμει, ἐν δὲ τῇ θ', οἷάπερ ἐπὶ τῆς
ς', δεκάτῃ δέ, οἷα ἐπὶ τῆς ε', καὶ τῇ ια', οἷα ἐν τῇ δ', τῇ δὲ
15 ιβ', οἷα ἐν τῇ γ', τῇ δὲ ιγ', οἷα ἐν τῇ β', τῇ δὲ ιδ', οἷα ἐν
τῇ α'. εἶτα ἀπ' ἄλλης ἀρχῆς ἡ τρίτη ἑβδομὰς τὰς αὐτὰς δια-
θέσεις ποιεῖ τῇ ὑδατικῇ σφαίρᾳ, ἃς ἡ πρώτη, ἡ δὲ τετάρτη,
ἃς ἡ δευτέρα. τί γὰρ δεῖ νῦν ὀστρέων τε καὶ ἐγκεφάλων
καὶ μυελῶν μινύθησιν καὶ τῶν πλείστων ζώων τὴν συμπά-
20 θειαν ἐπεξιέναι τὴν πρὸς τὸ ἄστρον τοῦτο, ὁπότε ἐξ αὐτῶν

---

ecl. I 26. Lyd. III 12. Chalc. p. 103, 9 sqq. Favon. p. 8, 2 sqq.
Isid. Migne PL 83, 188
6 sqq. = Macr. I 6, 61 cf. Philo de op. m. 38. Plin. n. h. II 215

---

2 ἔγκιστα p κθ' x Ap κη' dubitanter corr. Ast in adn. Ro-
scher 4 ἄλλην yA ἄλλον Pp Ast Altmann 5 ἐκ θατ.] ἑκατέ-
ρου F 6 ταῦτα xA 8 post ὁρῶμεν lacunam praebent MLB
ἐν add. Ast 'non opus' Heiberg πλημμυρεῖν Pp Ast Roscher Alt-
mann 9 ὑποβεβηκός p 10 τῆς yA om. Pp Ast Roscher Altmann
11 ἑβδόμης ex ἑβδομάδος ead. m. corr. N ἐπιδείκνυσιν MLBP
12 γίγνεται BNF τῆς F 13 τουτέστι MP 14 ς'] ἕκτης NF
καὶ bis B 15 δὲ pr. P om. yA ιγ'] γ' P ἐν tert. om. LNF
16 α'] πρώτη ANFPp Ast ἀπὸ xA 17 δ' MLBPp Ast τετρὰς
NF τετάρτη A 18 β' MLBPp Ast βα' NF δευτέρα A τί xA
τῇ p οὐ vel τί Ast οὐ Roscher ὁ στρέων p ὀστέων mavult Ast
ἐγκαιφάλων p ἐχίνων ἐνάλων dubitanter corr. Roscher fort. recte
19 μυελῶν] μυῶν Roscher fort. recte μινύθησιν xA Roscher μι-
νώθησιν p μανώθησιν Ast

THEOLOGOUMENA ARITHMETICAE 61

τῶν τοῖς ἀνθρώποις συμβαινόντων αὐτάρκως δυνάμεθα πειραθῆναι περὶ τῶν λεγομένων; πρῶτον μὲν αἱ καθάρσεις ταῖς γυναιξὶ διὰ τῶν προλεχθεισῶν ἑβδομαδικῶν περιόδων γίνονται, παρ' αὐτὸ τοῦτο πρός τινων ἔμμηνα καὶ καταμήνια καλούμενα. εἶτα ἑπτάκις ὁ γόνος ὡς ἐπίπαν τῷ ἄρρενι θόρνυται εἰς τὴν γυναικείαν μήτραν, ἑπτὰ δὲ ὥραις ταῖς πλεί|σταις ἤτοι προσπλάσσεται εἰς ζωογόνησιν τὸ νοστιμώτερον αὐτοῦ ἢ ἀπολισθαίνει, καθάπερ ἀμέλει καὶ ἀντιστρόφως ἀπὸ τῆς φυσικῆς τοῦ ἐμβρύου ὀμφαλοτομίας εἰς τὴν τῆς ἐξόδου ἐπίδειξιν ἑπτὰ ὡρῶν οὐκ ἐντὸς διάστημα ἀναλύεται, ἐν αἷς συμμέτρως ἱκανὸν ἀντέχειν τὸ κύημα, οὔτε τῇ ἀπὸ τοῦ ὀμφαλοῦ τροφῇ διακρατεῖσθαι ἔχον ἔτι ὡς φυτὸν ἢ μέρος, οὔτε πω τῇ θύραθεν εἰσπνοῇ ὡς ζῶον ἤδη ἀπροσάρτητον καὶ αὐτοτελές, ἡμέραις δὲ ἑπτὰ φύσει τινὶ ὑμενώδει ὑδροδόχῳ ὁμοιοῦται, καθάπερ καὶ ὁ ἰατρὸς Ἱπποκράτης συναινεῖ λέγων ἐν τῷ Περὶ παιδίου φύσεως· *γυναικὸς οἰκείης ἡμῖν μουσουργὸς ἀγαθὴ κάρτα καὶ πολύτιμος ἦν πρὸς ἄνδρα φοιτέουσα, οὐκ ἔθελε δὲ λαβεῖν ἐν γαστρί, ἵνα μὴ ἀτιμοτέρη τοῖς ἐρασταῖς εἴη. ἠκηκόει δὲ ἡ μουσουργός, οἷάπερ αἱ γυναῖκες πρὸς ἀλλήλας λέγουσιν, ὅτι, ἐπειδὰν μέλλῃ ἡ γυνὴ συλλήψεσθαι ἐν γαστρί, οὐκ ἐξέρχεται ἡ γονή, ἀλλ' ἐμμένει· ταῦτα ἀκούσασα συνῆκε, καί που ᾔσθετο οὐκ*

2sqq. cf. Macr. I 6, 62. Philo de op. m. 41. leg. all. I 4
6sqq. cf. Macr. I 6, 62 (p. 509, 6sqq. Eys.²)   7 cf. Orph. fr. 37
12 φυτὸν cf. Chrys. ap. Plut. de stoic. rep. 41, 1   13sq. cf. Macr.
I 6, 63. Gell. n. a. III 10, 7   15sqq. Hipp. I 385sq. Kühn.
VII 490 Littré. cf. Macr. I 6, 64. Hipp. π. σαρκῶν I 441 Kühn

---

1 τῶν yA om. PpAstRoscher   3 γίγνονται BNF   4 τινῶν
PpAstRoscher   6 γυναικεῖαν BNF γυναικίαν p   ἤ τοι p
7 νοστιμώτερον yA νοσιμώτερον Pp ἀνυσιμώτερον Ast in adn.
Altmann ζωσιμώτερον Roscher   9 ἐμβρίου LBNF ἐξοδίου
xAp corr. Ast ἐπίδειξιν] ἐπίτευξιν corr. Roscher   10 οὐκ ἐντὸς
... ἀναλύεται corrupta diiudico ἐκτὸς Bullialdus ἀναλίσκεται
Bull.   11 τῆς F   12 πως mavult Ast εἰς πνοᾶ F   13 ζώων p
ἡμέρες B   14 ὑδροδόχω corr. Ast sine iusta causa, ut vid.
18 ἀτιμωτέρη B   19 οἷαιπερ P   20 ἐπειδ' ἂν x ἐπὶ δ' ἂν p
μέλη MLBPF μέλλει p   21sq. ἐμένει Pp

Iamblichus ed. de Falco   6

ἐξελθοῦσαν τὴν γονὴν ἅπασαν ἀφ' ἑαυτῆς καὶ ἔφρασε τῇ δεσποίνῃ, καὶ ὁ λόγος ἦλθεν εἰς ἐμέ· κἀγὼ ἀκούσας ἑβδομαίαν οὖσαν ἐπέτρεψα πρὸς γῆν ὑψηλὰ πηδᾶν· ἑπτὰ δέ οἱ πεπήδητο, καὶ ἐξῆλθεν αὐτῇ ἡ γονή, 5 καὶ ψόφος ἐγένετο· οἷον δὲ ἦν τὸ ἐκθορόν, ἐγὼ ἐρέω· οἷον εἴ τις ὠοῦ τὸ ἔξωθεν λεπύριον περιέλοι, ἐν δὲ τῷ ἐσωτάτῳ ὑμένι τὸ ὑγρὸν διαφαίνοιτο.' καὶ τάδε μὲν Ἱπποκράτης· Στράτων δὲ ὁ Περιπατητικὸς καὶ Διοκλῆς ὁ Καρύστιος καὶ πολλοὶ ἕτεροι τῶν ἰατρῶν ἐν μὲν τῇ δευτέρᾳ ἑβδο-
10 μάδι ῥανίδας αἵματος ἐπιφαίνεσθαι τῷ λεχθέντι ὑμένι φασὶν ἐκ τῆς ἐξωτέρας ἐπιπολῆς, ἐν δὲ τῇ τρίτῃ διϊκνεῖσθαι αὐτὰς μέχρι τῶν ὑγρῶν, ἐν δὲ τῇ δ' θρομβοῦσθαι τὸ ὑγρόν φασι καὶ μέσον ὡς σαρκός τι καὶ αἵματος σύστρεμμα ἴσχειν, δηλον-|
47 ότι τελεσιουργίας τυχὸν διὰ τὴν τοῦ κη' τελείαν φύσιν ἢ διὰ
15 τὴν ἐν αὐτῷ τῶν δύο περιττῶν κύβων περαινούσης οὐσίας ὑπαρχόντων σύνθεσιν, ἐν δὲ τῇ ε' κατὰ τὴν λ' μάλιστα καὶ πέμπτην ἡμέραν διαπλάττεσθαι ἐν μέσῳ αὐτοῦ μελίττης μὲν μεγέθει ἐοικὸς τὸ βρέφος, διατετρανωμένον δὲ ὅμως, ὥστε κεφαλὴν καὶ αὐχένα καὶ θώρακα καὶ κῶλα ὁλοσχερέστερον φαντά-
20 ζεσθαι ἐν αὐτῷ· καὶ τοῦτό φασι ζ' μησὶ γόνιμον εἶναι, εἰ δ' ἐννέα μέλλει γενήσεσθαι, τῇ ἕκτῃ πάσχει τοῦτο ἑβδομάδι, ἂν

8 sqq. = Macr. I 6, 65 sq.   10 cf. Favon. p. 9, 25

1 ἐξελθούσαν F ἅπασαν MPp Ast om. LBNF Kühn Littré secluserim   2 δεσπείνη p ὁ om. F   3 ἑβδομαίαναν B   4 πεπήδητο MLPp ἑπταδὲ οιπεπήδητο F ἑπταδέοι πεπήδητο N ἑπτὰ δέοι πεπήδητο B ἐπεπήδητο corr. Ast αὐτὴ xp Ast αὐτῇ scripsi   5 ἐκθορέν xp Ast, correxi   6 ἔι τις F εἴ τι p τὸ om. NF λεπύριον x Kühn Littré λέπυρον corr. Ast sine iusta causa, ut vid.   11 ἐπιπολῆς y ἐπιπλοκῆς Pp Ast Roscher ἐπικλοπῆς perperam Altmann: in superficie Macr.   11—12 αὐτὰς... θρομβοῦσθαι y om. Pp Ast Roscher Altmann   12 ἐν δὲ τῇ δ' iam coni. Ast Roscher φασὶν MLB   13—16 δηλονότι... σύνθεσιν om. Macr.   14 τοῦ om. B ἦν MLBP ἢ NF ἦν p ἢ corr. Ast   15 κύβων om. B   16 τῷ xp Ast Altmann τῇ corr. Roscher κατὰ... ἡμέραν om. Macr. λ'] τριακοστὴν NF fort. rectius   17 αὐτοῦ y αὐτῷ Pp Ast Roscher Altmann   20 φασὶν y ἑπτὰ NF μησὶν MLP   21 ἐνέα P γεννήσεσθαι N ς' xp Ast Altmann ἕκτῃ Roscher

θῆλυ ᾖ, ἂν δὲ ἄρσεν, τῇ ἑβδόμῃ. τῆς δὲ γονιμότητος αἰτίαν μάλιστα τὴν ἑβδομάδα ὑπάρχειν, δηλοῖ τὸ καὶ τὰ ἑπταμηνιαῖα δι' αὐτὴν ζώσιμα οὐκ ἔλαττον τῶν ἐννεαμηνιαίων γίνεσθαι, διαφθείρεσθαι δὲ ὑπὸ τῆς φυσικῆς ἀνάγκης τὰ ἀμφοῖν μέσα τεταγμένα ὀκταμηνιαῖα, ὃ διὰ τοιούτου τινὸς ἐπιλογισμοῦ συνε- 5
βίβαζον οἱ Πυθαγορικοί, δι' ἀριθμητικῶν λόγων καὶ διαγραμμάτων τὴν ἔφοδον ποιούμενοι· τοὺς ἀπὸ τῶν δύο ἐλαχίστων ἀριθμῶν πυθμένας κύβους τοῦ τε β' καὶ τοῦ γ' τὸν η' καὶ τὸν κζ' συντιθέντες ποιοῦσι τὸν λε', ἐν ᾧ μάλιστα συμβέβηκε τοὺς τῶν συμφωνιῶν ὁρᾶσθαι λόγους, δι' ὧν ἡ ἁρμονία τελει- 10
οῦται· γένεσις μὲν γὰρ πᾶσα ἐξ ἐναντίων, ὑγροῦ ξηροῦ, ψυχροῦ θερμοῦ, ἐναντία δὲ οὐχ ὁμονοεῖ οὐδ' εἰς σύστασίν τινος συντρέχει δίχα ἁρμονίας· ἁρμονιῶν δὲ ἀρίστη, πάντων ἐπιδεκτικὴ τῶν συμφώνων λόγων, ἡ κατὰ τὸν λε' ἀριθμόν, ὃς οὐ μόνον εἰς στερέωσιν καὶ τελειότητα τοῖς προλεχθεῖσι δυσὶ κύβοις τριχῇ 15
διαστατοῖς ἰσάκις ἴσοις ἰσάκις συμπληροῦται, ἀλλὰ καὶ τῶν πρώτων τριῶν τελείων τῶν τοῖς ἰδίοις μέρεσιν ἴσων, δυνάμει μὲν τοῦ α', ἐνεργείᾳ δὲ τοῦ ς' καὶ τοῦ κη', σύστημά ἐστι. πρὸς δὲ τούτοις καὶ τῶν τὴν ἁρμονικὴν ἐπιδειξαμένων πυθμενικῶς θεωρίαν τῶν τῶν συμφωνιῶν σχέσεων ἁπασῶν, τοῦ ς' 20
καὶ η' καὶ θ' καὶ ιβ', συγκεφαλαίωμά ἐστι, τοῦτον δὲ τὸν λε' ἐναρμόνιον ὄντα καὶ τελεστικώτατον ὑπὸ πλευρῶν δύο περισσῶν περιεχό|μενον παραλληλόγραμμον, τῆς ε' καὶ ζ', ψυχογο- 48
νικὸν γενέσθαι, εἰ τὴν τρίτην διάστασιν τῷ ς' μηκυνθεὶς αὐξηθείη (ψυχῇ γὰρ οἰκειότατος ὁ ς'), προαπεδείχθη. ὅτι ποιότης 25

---

1 ἄρσεν, τῇ ἑβδ. cf. Gell. n. a. III 10, 7 2 sqq. cf. Philo de op. m. 41. Lyd. II 12. Hipp. π. σαρκῶν I 442 Kühn. [Plut.] de plac. phil. 907 F—908 C. Anon. ap. Tannery Dioph. II 75. Censor. d. die n. 7, 2. 5. 6. Isid. Migne PL 83, 188. Theo p. 104, 4. Favon. p. 9, 26 etc. 5 sqq. cf. Macr. I 6, 14 15 sq. cf. Nicom. p. 119, 6 sq.

1 ζ'] xpAstAltmann ἑβδόμη Roscher 3 δι'] δ' P γίγνεσθαι B 12 τινὸς y τινα PpAst 14 λε'] τριάκοντα πέντε B 15 προσλεχθεῖσιν p 16 ἴσοις y ἴσα PpAst 17 ἐν ante τοῖς add. F ειδίοις P ἴσον F 18 τοῦ tert. x om. pAst 20 τῶν alt. x om. pAst 23 παραλληλογράμμων corr. Ast in adn. ζ'] ἑπτά B 24 εἰ] εἰς LB 25 ψυχή p

μὲν καὶ χροιὰ καὶ φῶς μετὰ τὰ σωματικὰ μεγέθη τριχῇ διαστάντα ὤφθη κατὰ τὴν πεντάδα, ψύχωσις δὲ καὶ ἕξις ζωτικὴ κατὰ τὴν ἑξάδα διὰ τοῦτο ὠνομασμένην, τελείωσις δὲ καὶ διανόησις κατὰ τὴν ἑβδομάδα. ὅπερ οὖν πεντάκις ἓξ ἑπτάκις
5 ⟨ἢ⟩ ἑπτάκις ἓξ πεντάκις ἀποτελεῖται, τοῦτο δηλονότι καὶ ἐκ τοῦ πεντάκις ἑπτὰ ἑξάκις ἀποβαίη ἄν· σύμπαντα δὲ σι΄, ἐν ὅσαις ἡμέραις οἱ ἑπταμήνιοι ζωογονοῦνται παρὲξ τῶν ἓξ ἡμερῶν, δι᾽ ὅσων ἡ τοῦ ὑγροφόρου ὑμένος σύστασις ἐδείχθη πρώτιστα φαίνεσθαι, σὺν δ᾽ ἐκείναις κύβος ἂν εἴη ἀποκα-
10 ταστατικὸς καὶ σφαιρικός, ὃς ἀποτελειοῦται τοῖς οἰκείοις μέρεσιν ἴσος, τοῦ ἓξ ψυχικοῦ ἀριθμοῦ. καὶ Διοκλῆς δὲ ἑξαπλασιασθέντων τῶν λε΄ γίνεσθαί φησι στερεὸν τὸν σι΄, ὅσαιπέρ εἰσιν εἰς τοὺς ἑπτὰ μῆνας ἡμέραι τοὺς τριακονθημέρους. Ἱπποκράτης δέ· ΄τὰ ἐν ο΄ ἡμέραις κινούμενα, φησίν, ἐν τριπλασίῃσι
15 τελειοῦται᾽· καὶ κατὰ τοῦτον γὰρ αἱ μὲν ο΄ τριπλασιασθεῖσαι τοῦ σι΄ ποιητικαί εἰσιν, αἱ δὲ ʹι τοῦ σο΄, ἑπταμήνου καὶ ἐννεαμήνου. ὅτι καὶ τὰ σπέρματα πάντα ὑπὲρ γῆν ἀναφαίνεται δι᾽ ἑβδόμης μάλιστα ἡμέρας ἐκφυόμενα, καὶ ἑπτάκαυλα ὡς ἐπίπαν τὰ πλεῖστα γίνεται, τά τε βρέφη, ὥσπερ ἐσπάρη τε καὶ κατὰ
20 γαστρὸς ἑβδομάδι διῳκήθη, οὕτω καὶ μετὰ τὴν γένεσιν ἑπτὰ μὲν ὥραις τὴν κρίσιν ἴσχει τοῦ ζῆν ἢ μή· ἐμπνέοντα γὰρ πάντα τῆς μήτρας ἐξέρχεται τὰ τελεσφόρα καὶ οὐ νεκρὰ ἀποκυηθέντα,

4sqq. cf. Hipp. π. σαρκῶν I 443 Kühn   5sqq. cf. Macr. I 6, 16   11sqq. cf. Hipp. π. σαρκ. c. 19. Vindician. c. 15 (Wellmann Fr. d. gr. Aerzte p. 44)   13sq. Ἱπποκρ. Epid. III 453 Kühn. V 116 Littré cf. Macr. I 6, 17   17sqq. cf. Plin. n. h. 18, 51 (v. et 16, 101. 104. 22, 95)   20sqq. = Macr. I 6, 67

4 τὰ post κατὰ add. NF   ἐκ τοῦ post οὖν add. Ast   5 ἢ add. Ast in adn.   πεντάκις om. B   7 ζωογονοῦντες B ζωογονῶται F   πάρεξ xpAst παρὲξ Roscher   8 ἐδείχθαι LBN ἐδεῖχθαι F   9sq. ἀποκαταστικὸς y   11 ἴσου y ἴσον PpAstRoscher corr. Heiberg διϰλῆς p   12 λε΄ .. σι΄| λϛ΄ .. σιϛ΄ legi vult Roscher, quod σι΄ numerus non sit στερεός: at cf. vv. sqq. ὅσαιπέρ ... τριακονθ. γίγνεσθαι NF στερεόν intelligendum = τὸν τριχῇ διαστατόν (cf. Nicom. p. 99, 14sq. Iambl. p. 93, 8sqq.)   13 τριακονθ᾽ ἡμέρους F   14 φησι pAst τριπλασίοισι B   15 τελειοῦσθαι corr. Ast τριπλασιασθεῖσθαι NF   19 γίγνεται BNF τε pr. x δὲ pAstRoscher   22 τελέσφορα mavult Ast ἀποκυηθέντα F

προς δὲ τὴν τοῦ ἀναπνεομένου ἀέρος παραδοχήν, ὑφ' οὗ τονοῦται τὸ τῆς ψυχῆς εἶδος, κρισιμωτάτῃ βεβαιοῦται τῇ ζ' ὥρᾳ ἐπὶ θάτερον, ἢ ζωὴν ἢ θάνατον. ἑπτὰ δὲ μησὶν ὀδοντοφυεῖ, δὶς δὲ ἑπτὰ ἀνακαθίζει καὶ ἕδρας ἀκλινοῦς τυγχάνει, τρὶς δὲ ἑπτὰ διαρθροῦν ἄρχεται τὸ φθέγμα καὶ λαλεῖν τὰς πρώτας 5 ὁρμὰς | ἐπιβάλλεται, τετράκις δὲ ἑπτὰ ἵσταται μὴ σφαλλόμενα 49 καὶ διαβαίνειν ἐπιχειρεῖ, πεντάκις δὲ ἑπτὰ παύεται τῆς τοῦ γάλακτος τροφῆς φυσικῶς ἀποδιατιθέμενα. ἑπτὰ δὲ ἔτεσιν ἀποβάλλει τοὺς φυσικοὺς ὀδόντας καὶ ἀναφύει τοὺς πρὸς τὴν σκληρὰν τροφὴν ἐπιτηδείους, δὶς δὲ ἑπτὰ ἡβάσκει καὶ ὥσπερ 10 διηρθρωμένως ἔτυχε τοῦ παντὸς προφορικοῦ λόγου ἐν τῇ προτέρᾳ τῶν ἐτῶν ἑβδομάδι, τοσούτων φύσει ὑπαρχόντων καὶ τῶν εἰς τὸ τοιοῦτον ἐπιτηδείων ἁπλῶν φθεγμάτων, οὕτως ἄρχεται ταῖς τοῦ ἐνδιαθέτου ἐπιβάλλειν διαρθρώσεσιν, καθὸ λογικὸν ἤδη ὑπάρχει ζῷον, ἑπτὰ κατὰ πολλοὺς τῶν φιλοσόφων ὑπαρ- 15 χουσῶν τῶν τὸ λογικὸν συνασκουσῶν αἰσθήσεων καὶ τότε μάλιστα συμπληρουμένων· πρὸς γὰρ ταῖς τεθρυλλημέναις πέντε ἔτι καὶ τὴν φωνητικὴν καὶ σπερματικὴν καταριθμοῦσιν ἔνιοι, αὕτη δὲ τότε συμπληροῦται αὐτοῖς. ὅτε τὸ σπερματικὸν φυσι-

---

3 sqq. = Macr. I 6, 69 sq. 3 et 8 sq. cf. Hipp. π. σαρκ. 12. 19. π. ἑπταμ. 9 (VIII 598. 614. VII 448 Littré). Theo p. 104, 5 sq. Alex. Aphr. p. 38, 19. Syrian. in met. p. 191, 16. Varro ap. Gell. n. a. III 10, 12. Censor. d. die n. 7, 2. Mart. Cap. VII 739. Favon. p. 9, 27 sqq. Chalc. p. 102, 16 sq. Isid. Migne PL 83, 188 8 sq. cf. Hipp. I 444 Kühn. Anon. ap. Tannery Dioph. II 75. Censor. d. die n. 7, 4. 14, 7. Del. p. 169, 18 etc. 9 cf. Philo de op. m. 35 10 ἡβάσκει cf. Theo p. 104, 7. Philo leg. all. I 4. 10 sqq. cf. [Plut.] de plac. phil. 4, 11. 5, 23. Alex. Aphr. l. l. Schol. Plat. Alc. I 121 E. Mart. Cap. l. l. Chalc. l. l. Censor. d. die n. 7, 2. 4. 14, 7. Isid. l. l. 11, 14 προφορικοῦ . . ἐνδιαθέτου cf. Theo p. 72, 25 sqq. 14 λογικόν cf. Philo leg. all. I 4 19 sq. cf. Macr. I 6, 71

---

2 ζ' om. F 4 δ' pr. B ἀνακαθίει F 5 διαρθοῦν ML λαλεῖν y καλεῖν Pp Ast 6 σφαλόμενα Pp 8 ἔτεσιν NF 10 ἡ ante ἑπτὰ add. Pp 11 διηρθρωμένον Altmann 14 ἐν διαθέτου F καθ' ὃ B 17 ε' xp Ast πέντε Roscher 18 κατ ἀριθμοῦσιν B 19 αὐτὴ xp αὕτη Ast

κῶς ἅπασι κινεῖται, ἄρρεσι μὲν διὰ γονῆς, θηλείαις δὲ δι' ἐμμήνου καθάρσεως· διόπερ ζωογονητικῆς ἐπιτηδειότητος τότε μόνον κατάρχονται, καὶ Βαβυλωνίοις οὐδὲ θρησκεύονται οὐδὲ τῆς αὐτῶν ἱερατικῆς σοφίας μετέχουσιν, ἀλλ' ἀποκλείονται τῶν
5 ἐνταῦθα μνημάτων ἐντὸς τούτου τοῦ χρόνου. ἐπεὶ δὲ καὶ τίκτειν τῷ ἑξῆς ἔνεστι χρόνῳ καὶ ἀνθ' αὑτῶν ἀμείβειν εἰς τὴν κοσμικὴν συμπλήρωσιν ἄνθρωπον, εἰκότως γενεὰν τὴν συμμετρότητα οἱ ποιηταὶ τὴν τριακονταετῆ τίθενται, ἐν ᾗ τέκνον ἔστιν ἰδεῖν· καὶ κατὰ τὴν ἐν τριάδι τελείωσιν διὰ τριῶν ἡ δια-
10 δοχὴ συγκλείεται διὰ πατρός, υἱοῦ, ἐγγόνου. τῇ δὲ τρίτῃ ἑβδομάδι συλλήβδην καὶ τὴν ἐπὶ μῆκος αὔξησιν ἀπολαμβάνει, τῇ δὲ τετάρτῃ τὴν ἐπὶ πλάτος τελειοῦται, καὶ οὐδεμία ἄλλη αὐτοῖς ἀπολείπεται σώματος ἐπίδοσις· τέλειος γὰρ ὁ κη'. τῇ δὲ ε' κατὰ τὸν ἁρμονικὸν ἀποδειχθέντα τὸν λε' καὶ ἡ κατὰ
15 ἰσχὺν πᾶσα ἐπίδοσις ἀποστραγγίζεται καὶ οὐκέτι οἷόν τε ἑαυ-
50 τοῦ ἰσχυρότερον μετὰ ταῦτα τὰ ἔτη γενέσθαι. διὰ | τοῦτο οἱ ἀθληταὶ τοσούτων γενόμενοι οἱ μὲν ἤδη νενικηκότες πλέον τι πρᾶξαι οὐ προσδοκῶσιν, οἱ δὲ μήπω καταλύουσι. καὶ αἱ τῶν βελτίστων πολιτειῶν νομοθεσίαι μέχρι μὲν ταύτης στρατεύεσθαι
20 ἀναγκάζουσιν, εἰσὶ δὲ καὶ αἱ μέχρι τῆς μετ' αὐτήν, τὸ δὲ μετὰ τοῦτο στρατηγεῖν μέν, οὐκέτι δὲ στρατεύεσθαι συγχωροῦσιν. τὸ δὲ κεφάλαιον, ὅταν ὁ τῆς δεκάδος λόγος τῷ τῆς ἑβδομάδος κερασθῇ καὶ δεκάκις ἑπτὰ γένηται, τότε πάντων ἔργων ἀφετέον

---

10 sqq. = Macr. I 6, 72 sq. cf. Favon. p. 9, 30 sq. Theo p. 104, 7 sq. Philo leg. all. I 4. Chalc. p. 102, 19 sq. Isid. Migne PL 83, 188 19 sq. cf. Macr. I 6, 74 22 sqq. cf. Macr. I 6, 76

1 ἄρσι B ἄρεσι F διαγονῆς L 5 ἐνταῦθ' ἀμνημάτων F μνημάτων p 7 sq. συμμετρότητα xp συμμετρωτάτην Ast 9 ἐστὶν PpAst 10 συγκλείεται BNF γίνεται in marg. γρ. συγκλ. ML γίνεται PpAst 13 τῆς y τῇ PpAst 14 ε'] πέμπτῃ Roscher λε'] τριάκοντα πέντε B 15 ἰσχὴν F οὐκ ἔτι LNF 16 διατοῦτο B 17 τοσούτων x [sc. ἐτῶν] τοσοῦτον p τοσοῦτοι vel potius τηλικοῦτοι Ast 18 οἴδε B καταλύουσιν B 21 τὸ post δὲ add. pAst συγχωροῦσι PpAst

τῷ ἀνθρώπῳ, καθοσιωτέον δὲ τῇ τῆς λεγομένης εὐδαιμονίας ἀπολαύσει. ὅτι εἰς τέσσαρα τὰ πάντα στοιχεῖα, τρεῖς δὲ αὐτῶν ἀναγκαίως αἱ μεταξύτητες, ἑβδομὰς ἂν κἀνταῦθα ἐπικρατοίη τῶν ὅλων· διὸ καὶ Λίνος ὁ θεολόγος ἐν τῷ Πρὸς Ὑμέναιον δευτέρῳ θεολογικῷ φαίνεται λέγων· 'τέσσαρες ἀρχαὶ ἅπασι τρισσοῖς δεσμοῖς κρατοῦνται.' πῦρ μὲν γὰρ καὶ γῆ συνηρμόσθησαν ἀλλήλοις κατὰ τὴν γεωμετρικὴν ἀναλογίαν· ὃ πρὸς ἀέρα γῆ, τοῦθ' ὕδωρ πρὸς πῦρ, καὶ ἀνάπαλιν ὃ πρὸς ἀέρα πῦρ, τοῦθ' ὕδωρ πρὸς γῆν, καὶ τὸ ἐναντίον· τῶν δὲ τοιούτων ἑνωτικαί πως αἱ ἁρμονίαι, μεταξὺ δὲ ἀέρος καὶ πυρὸς πειθώ· κατ' ἔφεσιν γὰρ καὶ ἀπόμαξιν ἀφομοιοῦται τὰ ἀπὸ ἀέρος μέχρι γῆς τοῖς οὐρανίοις καὶ ἀεὶ κατὰ τὰ αὐτὰ ὡσαύτως ἔχουσι, πειθόμενά πως καὶ ποδηγούμενα τῇ τοῦ ἀρχεγόνου καὶ πάντα ἕλκοντος ἐφ' ἑαυτὸ κάλλους φύσει. ὅτι πρὸς τοῖς ἄλλοις τῇ ἑβδομάδι ὑπάρχει τὸ κρισιμωτάτην εἶναι αὐτήν, ὥσπερ ἐν τῇ κυοφορήσει καὶ ἐν ταῖς τῆς ἀνατροφῆς ἡλικίαις, οὕτω δὲ καὶ ἐν ταῖς νόσοις καὶ ταῖς ὑγείαις διὰ τὸ συγγενεστάτην αὐτὴν καὶ ὁμόφυτον εἶναι τῇ τοῦ ἀνθρώπου κατασκευῇ· σπλάγχνα τε γὰρ τὰ λεγόμενα μέλανα ἑπτὰ κατ' αὐτὴν ἐμπέφυκεν ἡμῖν, γλῶττα, καρδία, ἧπαρ, πνεύμων, σπλήν, νεφροὶ δύο, καὶ τὰ

---

2 sqq. cf. Macr. I 6, 36. Mart. Cap. VII 738   8 sqq. cf. Plato Tim. 32 B. Theo p. 97, 10 sq. Isid. Migne PL 83, 188   17 ἐν ταῖς νόσοις cf. An. p. 35, 27. Philo de op. m. 41. leg. all. I 4. Clem. Al. strom. VI 16, 145, 1. Anon. ap. Tannery Dioph. II 75. Gell. n. a. III 10, 14. Macr. I 6, 81. Censor. d. die n. 11, 6. 14, 9. Chalc. p. 103, 1. Isid. Migne PL 83, 188   18 sqq. cf. An. p. 36, 11 sq. Theo p. 104, 15 sq. Philo de op. m. 40. leg. all. I 4. Macr. I 6, 77. Mart. Cap. VII 739. Chalc. p. 103, 6 sq. Isid. ll.

---

1 καθοσιωτέον NF   3 μεταξότητες F ἐπικρατείη xp corr. Ast   4 λῖνος x Λίνος p Roscher Λίνος Ast   5 ἅπασιν p Ast Roscher   6 τρισσοῖς B   11 τὴν xp τὰ Ast Roscher   13 ἔχουσιν MLBP   14 ἑαυτῷ p   16 ἡλικίας F οὕτως MLBP p Ast   17 συγγενεστάτων P   19 μέλη xp μέλανα Ast in adn. Roscher ⟨μέλανα⟩ μέλη Altmann: cf. Macr.   20 νεφροί y An. Theo Philo νέφροι Pp Ast

καθολικὰ μέρη τοσαῦτα, ἅπερ ἐστὶ κεφαλή, θώραξ, χεῖρες δύο, πόδες δύο καὶ αἰδοῖον· κατὰ μέρος δὲ διατρήσεις ἐν μὲν τῷ προσώπῳ ζ', ὀφθαλ|μῶν β', ὤτων β', ῥινῶν β', στόματος α', τά τε πνοὴν καὶ τροφὴν διαφέροντα ζ', φάρυγξ, στόμαχος, γαστήρ, ἔντερον, μεθεντέριον, κύστις καὶ τὸ πρὸς τῇ ἕδρᾳ, ὅ τινες ἀρχὸν καλοῦσιν. ὅτι μηδενὸς τρέφοντος ἐνεθέντος ζ' ἡμέρας οἷόν τε ζῆν. καὶ ἐν γεωμετρικαῖς σκέψεσιν ἑπτὰ εἴδη τῶν παρ' αὐτοῖς ἀρχῶν, σημεῖον γραμμὴ ἐπιφάνεια γωνία σχῆμα στερεὸν ἐπίπεδον, καὶ ἑπτὰ ⟨τὰ⟩ τῶν στοιχειωτῶν ἐξετάσεις ἐπιδεχομένων πληροῦνται· τριγώνου γὰρ γωνίαι τρεῖς καὶ πλευραὶ ἴσαι καὶ αὐτὸ τὸ ἐμβαδὸν ἕν. πολὺ δὲ πλέον καὶ ὅτι τὰ σημειωτικὰ δι' ἑβδομάδος κρατύνεται ἢ ἐπὶ τὸ νοσερὸν ἢ ἐπὶ τὸ ὑγιεινὸν ῥέποντα· εἰς γὰρ τὴν ἑβδόμην ἡμέραν μόνην τῶν ἐντὸς αὐτῆς οἱ πυρεκτικοὶ πάντες τύποι συναντῶσι· διὸ καὶ κρίσεως ἐνταῦθα τυγχάνουσιν. ὁ δὲ τῆς ἀποδείξεως τρόπος ἁπλοῦς εἰκὼς τῷ ⟨τῶν⟩ προβραχέος ἀπὸ μονάδος παντοίων ἀναλόγων ἐκθέσεων ἰδιώματι, ἐν ᾧ κύβων μὲν ἅμα καὶ τετραγώνων ἡ α' καὶ ζ' χώρα μόνη ἐπιδεικτικὴ ἡμῖν ἐφάνη, τετραγώνων δὲ μόνων ε' καὶ γ', β' καὶ ϛ' οὐδετέρων, ὡς οὐδὲ τριταίου οὐδὲ τεταρταίου ἐν τοῖς πυρεκτικοῖς τύποις. ἰδοὺ γὰρ τοῦ μὲν λεγομένου τριταίου τετραγώνῳ μάλιστα ὁμοιουμένου διὰ τὸ

---

1 sq. cf. An. p. 36, 10 sq. Macr. I 6, 80. Philo, Mart. Cap. Isid.
ll. ll.   2 sq. cf. An. p. 36, 14 sq.   Theo p. 104, 14 sq. Philo II.
Clem. Al. strom. VI 16, 144, 2. Macr. I 6, 81. Chalc. p. 103, 5 sq.
Mart. Cap. Isid.   4 sq. cf. Macr. I 6, 77   6 sq. cf. Hipp. I 442
Kühn VIII 610 Littré.   Macr. I 6, 78.   Gell. n. a. III 10, 15

1 ἅπε F   3 ὤτων P   β'..β'...β'...α' MLB δύο..β'..β'..
ἑνός NF δύο..δύο..δύο..α' PpAst   5 κύσις F τῆς F
6 ἐνεθέντος xp ἐντεθέντος Ast   7 γεωμετρικῶν Ast Roscher
σκέψεσι P   8 sq. μῆκος, πλάτος, βάθος pro γωνία, σχῆμα... ἐπίπεδον legi vult Roscher cll. Macr. I 6, 35 sq. et An. p. 35, 24
9 τὰ addidi καὶ ἑπτὰ τὰς στοιχειώδεις ἐκτάσεις ἐπιδεχόμενα (sc. εἴδη) πληροῦνται Ast in adn.   11 ἴσαι B ἕν] ὃν P καὶ alt. y om. PpAst
12 νοερόν Pp νόσερον F   16 ἁπλῶς Ast in adn. εἰκότως xp corr.
Ast in adn.   τῶν addidi πρὸ βραχέος MLPNFpAst προβραχέως
B ead. m. corr.   17 ἀνάλογον? cf. p. 69, 5. 10   19 πέμπτη
καὶ τρίτη xpAst ε' καὶ γ' scripsi   20 sqq. corrupta videntur
20 ἰδοῦ ML   21 τετραγώνου NF

THEOLOGOUMENA ARITHMETICAE 69

ἐπιπέδων τριγώνων κατάρχειν, ὧν τὸ συμμετρότατον τετράγωνον ἰσότητα ὀρθογωνίου καὶ πλευρῶν ἔχει, καὶ πρὸς αὐτὸ εὐθύνεται, ἀλλὰ παρὰ μίαν πάντως ἐπισημαίνοντος, α΄ τε καὶ γ΄ καὶ ε΄ καὶ ζ΄ μετέχουσιν ἀπ' ἀλλήλων οὖσαι τρίται καθὰ καὶ τετραγωνισμοῦ ἐν πάσαις ταῖς ἀνάλογον ἐκθέσεσιν ἰσοταγεῖς χώρας· τεταρταίου δὲ καὶ τῷ κύβῳ παραπεμφθέντος διὰ τὴν πανταχόθεν ἑδραιότητα κἀκ τῶν ἐξ βάσεων τετραγώνων εὐσταθὲς α΄ καὶ δ΄ καὶ ζ΄ κοινωνοῦσι· παρὰ γὰρ δύο ἐπισημαίνει ὁ λόγος, ὥστε διὰ τετάρτης ἀπαντᾶν ἡμέρας, ὡς ἐν ταῖς αὐτῶν ἀνάλογον ἐκθέσεσιν εἰς τὰς τετάρτας πάντως οἱ κύβοι ἀποτελοῦνται χώρας· τοῦ δὲ λεγο|μένου ἡμιτριταίου φύσιν μὲν ἰδίαν οὐκ ἔχοντος, παρὰ δὲ τὸν τριταῖον μορφουμένου, ἀπαντῶντος δὲ αὐτοῦ ἐν δυσὶ νυχθημέροις, τουτέστιν ὥραις μη΄, ἀεὶ μέντοι τρεῖς ὥρας ὁρίζοντος εἰς ὁποτερονοῦν, ἤτοι λῆψιν ἢ ἄνεσιν, τὸ δὲ λοιπὸν ἓν δωδεκάωρον εἰς τοὐναντίον, παρὰ μέντοι τὸ θᾶττον ἢ βράδιον αὐτὰ ταῦτα ἀποδιδόναι ἤτοι μεγάλου ἡμιτριταίου λεγομένου ἢ μικροῦ ἢ μέσου πρὸς τὰς παρ' ἑκάτερον παρολκὰς ἢ παρεκτάσεις, μεθέξει μὲν ἡ τῆς δευτέρας ἡμέρας δευτέρα δωδεκάωρος ἐπισημανθεῖσα τῆς δὲ τετάρτης ἡ προτέρα δωδεκάωρος καὶ τῆς ἕκτης ἡ ἀρχή, ὥστε πάλιν ἀπάντησιν εἰς τὴν τῆς ἑβδόμης ὑστέραν γενέσθαι καὶ τρόπον τινὰ τὴν ἑβδόμην ἐοικυῖαν εἶναι τῇ πρωτίστῃ κατὰ πάντα· πάντων γὰρ ἁπλῶς τῶν ἐντὸς διαστήματος τεταρταϊκοῦ τόπων ἀμφότεραι μόναι μετέχουσαι, ἡ μὲν γεννητική, ὡς εἰπεῖν,

---

1 sqq. vix intelligenda 1 συμμετρότατον p Ast 3 μίαν y (παραμίαν B) Ast in adn. μιᾶς Pp πάντων NBF μονάδα xp μονάς Ast in adn α΄ scripsi 6 τῷ y τοῦ Pp Ast 8 ἓν xp Ast α΄ scripsi 9 ὧν xp ὡς Ast in adn. 10 πάντων NF 13 δυσὶν FP τουτέστι Pp Ast 14 ὥραις Pp 15 ἄννεσιν y 15 sq. παραμένtοι B 15 sqq. hanc figuram addunt codd.
MLBNF 17 ἡμιτριταίον L 19 ἡμέρα xp
ἡμέρας Ast in adn. 20 ς΄ MLBPp Ast ἕκτης
NF 21 τῆς om. NF ζ΄ xp Ast ἑβδόμης scripsi
ὑστέρας Pp Ast 22 τόπον NF ζ΄ MLBPp Ast
ἑπτὰ NF ἑβδόμην scripsi 23 τεταρτικοῦ F
24 τόπων MLNBPp τρόπων F τύπων Ast in adn.

β΄		β΄
γ΄	θ΄ ιβ΄	γ΄
γ΄		δ΄

αὐτῶν ἔσται, ἡ δὲ κριτικὴ καὶ οἷον δοκιμαστική, τῶν δ' ἀνὰ μέσον πασῶν οὐδεμία πάντων μετέχει πλὴν ἀφημερινοῦ, οὗπερ ἀναγκαίως καὶ ζ' καὶ α'· κοινὴ γὰρ αὕτη ἐπισημασία μόνη, ὥσπερ καὶ τῶν ἐκκειμένων διαγραμμάτων. αὕτη ἡ πολλαπλα-
5 σιότης κοινὸν πάντων στίχων παρακολούθημα, ἀλλὰ διαφεύγει δευτέρα μὲν τριταῖον καὶ τεταρταῖον, μετέχει δὲ ἀφημερινοῦ καὶ ἡμιτριταίου· τρίτη δὲ διαφεύγει μὲν ἡμιτριταῖον καὶ τεταρταῖον, μετέχει δὲ ἀφημερινοῦ καὶ τριταίου· τετάρτη δὲ διαφεύγει μὲν τριταῖον, τῶν δὲ λοιπῶν μετέχει τριῶν· πέμπτη δὲ δια-
10 φεύγει μὲν τεταρταῖον, μετέχει δὲ καὶ τριταίου καὶ ἀφημερινοῦ καὶ τῆς τοῦ λοιποῦ ἀνωμαλίας· ἕκτη δὲ μόνη ἀφημερινοῦ μετέχει ἀντιπεπονθότως τῇ τετάρτῃ, ἕνα μόνον διαφευγούσῃ· ἑβδόμη δὲ πάντων μετέχει, ὡς ἡ πρώτη. κἀπειδὴ τὰ τῶν ἄλλων τύπων συμφανέστερα ἢ ἁπλούστερα, τεταραγμένου δὲ τοῦ
15 ἡμιτριταίου, σαφέστερον οὕτω ὁρισθήσεται· πρώτης ἀρχῆς σημασίας ἐνδοτέρω οὐκ ἂν ἐπισημήνειε ε' ἑξαώρων, ὥστε κατὰ τὴν
53 τῆς γ' ἑσπέραν τῆς πρότε|ρον γενομένης κατὰ τὴν μεσημβρίαν τῆς δευτέρας ἡ ἐπὶ ταύτῃ ὅρον ἕξει, οὗ ἐνδοτέρω ἀμήχανον, πάλιν τὸ τῆς τετάρτης μεσονύκτιον εἰς τὴν τῆς ἕκτης εὐθὺς
20 πρωΐαν, ὥστε τὴν τῆς ἑβδόμης μεσημβρίαν ἀποκρίνεσθαι. ἀπὸ δὲ ταύτης τῆς διαιρέσεως, ἥτις ἐστὶ τοῦ σμικροτάτου, καὶ τὰς ἀνωμαλίας λογιστέον. διὰ τὸ οὖν τυχαίως καὶ ἐπίκαιρόν τινα τρόπον ἀπαντᾶν καὶ ἀποκρίνεσθαι ἕκαστα ⟨κατὰ⟩ τὴν τῆς ἑβδομάδος χώραν καιρὸν αὐτὴν καὶ τύχην ἐπωνόμαζον, καὶ

---

1 sq. ἀναμέσον **MLNBP** ἀναμέσων FpAst ἀνὰ μέσον scripsi 2 οὐδὲ μίαν p 2. 6. 8. 10. 11 ἀμφημερινοῦ corrigendum? 3 ἀναγκαῖον F ἐπὶσημασία LB ἐπὶ σημασίᾳ μόνῃ p 8 ἀφ' ἡμερινοῦ x 11 ἀνωμαλίας cf. supra p. 19, 1 et infra v. 22 ἀφ' ἡμερινοῦ **MLPp** 13 ζ' xpAst ἑβδόμη scripsi 14 ἁπλούστερα y ἁπλοείστερα Pp ἁπλοειδέστερα Ast τεταραγμένον y 15 sq. σημασίας? σημασία et 16 ἐπισημήναι vel ἐπισημήνειε (ἐπισημήνῃ x) mavult Ast fort. recte 18 ἡ y ἢ PpAst 19 δ' **ML** τὴν om. **NF** ς' xpAst ἕκτης scripsi 22 τυχαίως in marg.: ἴσως ταχέως p ἐπὶ καιρόν **MLBPN**p ἐπίκαιρον F καίριόν Meurs. Ast in adn. καιρόν τινα τροπήν dubitanter Roscher ἐπίκαιρόν scripsi 23 κατὰ add. Ast 24 ἑβδόμης **MLBP**p ἑβδομάδος **NF** Ast in adn.

ή συνήθεια καιρός και τύχη ειθίσθη λέγειν. τί γαρ δει νῦν και περί των κλιμακτήρων λεπτολογεῖν εβδομαδικῶν μάλιστα παρά τοις αποτελεσματολόγοις δογματιζομένων; ὅτι Ἀθηνᾶν και καιρόν και τύχην την επτάδα επωνόμαζον· Ἀθηνᾶν μεν, ὅτι παραπλησίως τῇ μυθευομένῃ παρθένος τις και άζυξ υπάρχει, ούτε εκ μητρός γεννηθεῖσα, ὅ εστιν αρτίου αριθμού, ούτε εκ πατρός, ὅ εστι περιττοῦ, πλὴν από κορυφής τοῦ πάντων πατρός, ὅπερ ἂν είη από της τοῦ αριθμοῦ κεφαλής μονάδος, και έστιν οἷον Ἀθηνᾶ αθήλυντός τις, θῆλυ δε ὁ ευδιαίρετος αριθμός· καιρόν δε, ὅτι ου χρόνῳ μακρῷ τας ενεργείας ανυομένας εν ταις κρίσεσιν έχει ⟨εις⟩ υγείαν ἢ νόσον ἢ εις γένεσιν και φθοράν· τύχην δε, ὅτι παραπλησίως τῇ μυθευομένῃ Τύχη τα θνητά διέπει. ὅτι ου μόνον της ανθρωπίνης φωνής αλλά και οργανικής και κοσμικής και απλώς εναρμονίου φωνής ζ' υπάρχει τα στοιχειώδη φθέγματα, ου μόνον παρά το υπό των ζ' αστέρων αφίεσθαι μόνα και πρώτιστα, ως εμάθομεν, αλλ' ὅτι και το πρώτον διάγραμμα παρά τοις μουσικοῖς επτάχορδον υπέπεσεν. ὅτι τριών ὄντων των της ψυχής ειδών ἢ μερών, φρονητικοῦ θυμικοῦ επιθυμητικοῦ, τέσσαρες αρεταί αἱ τελειόταται γίνονται, καθάπερ τριών διαστημάτων τέσσαρες ὅροι επί σωματικής συναυξήσεως.

1sq. cf. Gell. n. a. III 10, 9   3 *Ἀθηνᾶν* Ph. Theo p. 103, 3. Lyd. III 9. Mart. Cap. VII 738. Chalc. p. 102, 10. Favon. p. 8, 27. 9, 1. 20. Macr. I 6, 11 Procl. in Tim. 168 C. Plut. de Is. et Os. 354 F etc.   6sq. cf. Theo ll. Philo quaest. in Gen. II 12. Del. p. 168, 15 (v. adn.) et supra ad p. 54, 11   17 cf. Philo leg. all. I 5   18sq. cf. Macr. I 6, 42

1 *λέγει* B   2 *κλιματήρων* MLBPp *κλιμαντήρων* NF *κλιμακτήρων* Meurs. Ast: climacteras Gell.   *εβδοματικῶν* x Ast *-τικόν* p, correxi   3 *δογματιζόμενον* p   4 *και φωνήν και Τριτογένειαν* post *τύχην* add. Meurs. cl. Ph. fort. recte   6 *γενηθεῖσα* NF   7 *περισσοῦ* Ast *αποκορυφῆς* FP   9 *έστι* P *θῆλη* E   10 *ανυομένας* Pp   11 *εις* add. Ast   13 *φωνήν* δε post *διέπει* add. Meurs.   *ούτι ου* N *ούτιον* F *φωνής* ex *βοής* ead. m. corr. B   14 *επτά* Meurs. Roscher   15 ζ' y *επτά* Pp Ast   17 *τοις μουσικοῖς* ex *της μουσικής* ead. m. corr. B   18 *υπόπεσεν* NF *υπέπεσε* Ast *Τριτογένειαν δε* post *υπέπεσεν* add. Meurs.   19 *αἱ* scripsi: *και* xp Ast   20 *γίγνονται* BNF δ' xp Ast *τέσσαρες* Meurs. Roscher   21 *διανξήσεως* p Ast

περὶ ὀκτάδος.

Τὴν ὀκτάδα πρῶτον ἐνεργείᾳ κύβον καὶ μόνον ἐντὸς δεκάδος ἀρτιάκις ἄρτιον ἔφαμεν, ἐπειδὴ ὁ δ΄ συνέχειν φαίνεται τὰς περισσαρτίου καὶ ἀρτιάκις ἀρτίου διαγνώσεις ἐν τῷ δύο μόνον διχασμοὺς ἐπιδέχεσθαι [εἰ] μέχρι μονάδος, τὸν μὲν αὐτοῦ, τὸν δὲ τῶν μερῶν. παγκάλως τε καὶ παραλλήλως ἡρμοσμένος πάσας ἁρμόσεις, τὴν μὲν ἐκ δύο μήτε γεννώντων μήτε γεννωμένων, οἷπερ μόνοι ἐν δεκάδι ὤφθησαν (λέγω δὲ τὴν ἐκ τοῦ α΄ καὶ ζ΄), τὴν δὲ ἐκ δύο ἀρτιοπερίσσων ἐνεργείᾳ, ἥπερ στοιχειώδης εἰς γέννησιν κύβων σύνθεσις καὶ πρώτη συλλαβή, τὴν ⟨δὲ⟩ ἐκ τοῦ γ΄ καὶ ε΄, τὴν μὲν δυνάμει, τὴν δὲ ἐνεργείᾳ τὴν ἐκ τοῦ β΄ καὶ ϛ΄, τὴν δὲ ἐκ δύο πρώτων περισσῶν, τοῦ μὲν πρὸ αὐτοῦ ἀσυνθέτως ἀποβάντος, τοῦ ἑνός, (τοῦ δὲ μετ᾽ αὐτὸν ἐκ τριῶν τῶν μετὰ τούτους ἐσομένων, ζ΄ θ΄ ια΄, τοῦ δ᾽ ἔτι μετ᾽ ἐκεῖνον ἐκ δ΄ συνεχῶν, ιγ΄ ιε΄ ιζ΄ ιθ΄), τετάρτην δὲ τὴν ἐκ διφορουμένου τοῦ δ΄, μόνου καὶ γεννῶν-

---

2 cf. An. p. 38, 7. Theo p. 104, 20. Lyd. IV 111. Clem. Al. strom. VI 16, 140, 2. Mart. Cap. VII 740. Macr. I 5, 15. Favon. p. 10, 12. Philo quaest. in Gen. II 5. III 49. Cassiod. Migne PL 70, 79 etc.   3 cf. Mart. Cap. VII 745. 749. Isid. Migne PL 83, 191   3 sqq. cf. Macr. I 5, 17 sq. Del. p. 174, 47 sq.
7 sq. cf. Macr. I 5, 16   16 sq. cf. Macr. l. l. Mart. Cap. VII 738. Hierocl. F. Ph. G. I 465. Chalc. p. 101, 16

---

4 περισσ.] περὶ ἀρτίου p Ast   5 διχαγμοὺς P εἰ secl. Ast in adn. τῶν utrob. xp τὸν Ast in adn.   αὐτοῦ xp Ast αὑτοῦ scripsi   6 παγκάλως] μεγάλως NF   τε xp δὲ Ast in adn.   ἡρμοσμένος MLBP [sc. ὁ η΄] ἡρμοσμένως NF ead. m. corr. ἡρμοσμένας p Ast qui in adn. ἡρμοσμένος legi vult   7 ἁρμονίας mavult Ast   8 ὤφθησαν p   9 sq. τὴν δὲ ἐκ δύο πρώτων περισσῶν, ἐκ τοῦ γ΄ καὶ ε΄ post ἐνεργείᾳ add. Ast   9 εἴπερ xp ἐπεὶ Ast in adn. ἥπερ scripsi   10 γένεσιν xp γέννησιν Ast   αὕτη post πρώτη Ast censet addendum   11—13 τὴν ἐκ ... περισσῶν secl. Ast in adn.   δὲ addidi   12 πρῶτον p   13 τοῦ pr. Ast in adn. τὴν xp   ἑνός xp α΄ Ast in adn.   14—15 τοῦ δὲ ... ιθ΄ debuerunt collocari post συλλαβή v. 10   τοῦ Ast in adn. τὴν xp   μετατούτους B μετὰ τούτου F sc. τοὺς πρώτους περισσούς   15 τοῦ Ast in adn. τὴν xp   δὲ xp δ᾽ Ast in adn. ἐκείνου y δ΄] τεσσάρων BNF   16 ἐκ διαφορουμένου xp ἐξ

THEOLOGOUMENA ARITHMETICAE 73

τος ἅμα καὶ γεννωμένου, ἵν' ἐκ τῶν ἀντιθέτων δύο πρωτίστων ἀγόνων καὶ γεννητῶν καὶ τοῦ ἀμφότερα ἔχοντος συντελῇ ⟨ᾖ⟩ τὰ η'. καὶ ἄλλως ὁ δ' μεθόριον ἁρμονικῶν σχέσεων ἡμῖν ἀνεφάνη, συμφώνων μὲν ἐντὸς ἑαυτοῦ, ἀσυμφώνων δέ, ἀλλ' ἐμμελῶν μεθ' ἑαυτόν. ἔνθεν **παναρμόνιος** ἐπεκαλεῖτο ὑπὸ τῶν ἀν- 5 δρῶν ἡ ὀγδοὰς διὰ τὴν ὑπερφυῆ καθάρμοσιν ταύτην ἢ ὅτι ἰσάκις ἴση ἰσάκις πρὸ πάντων αὐτὴ καθαρμοσθεῖσα ηὐξήθη δικαιοτάτην γένεσιν. ὅτε οὖν Καδμείαν καλοῦσιν αὐτήν, ὑπακουστέον, ὅτι παρ' ὅσον Κάδμου γυναῖκα τὴν Ἁρμονίαν πάντες ἱστοροῦσιν. ἐναργῶς δὲ κἂν τοῖς οὐρανίοις εὕροι τις ἂν 10 ἴχνη ὀγδοάδος· ὀκτώ τε γὰρ σφαῖραι ἀστέρων καὶ ὀκτὼ οἱ ἀστρονόμοις κατὰ λῆψιν ἀναγκαιότατοι καὶ ἐπιστημονικώτατοι κύκλοι· τέσσαρες μὲν μέγιστοι ἀλλήλων ἐφαπτόμενοι, πῇ μὲν δίχα, πῇ δὲ ἄλλως, ἰσημερινὸς καὶ ζωδιακὸς καὶ ὁρίζων καὶ ὁ διὰ τῶν πόλων, ὅν τινες μεσημβρινόν, οἱ | δὲ κόλουρόν φασι, τέσσαρες 55 δὲ ἐλάττονες, οὐδαμῶς ἀλλήλων ἐφαπτόμενοι, ἀρκτικὸς καὶ ἀν- 16 ταρκτικὸς καὶ θερινὸς καὶ χειμερινός. καὶ ἄλλα τοιαῦτα ἐν [δεῖ] τοῖς περιγείοις, εἴπερ τῶν πεποδισμένων ζώων ὁ ὅρος ἐν αὐτῇ, μετ' αὐτὴν δὲ ἡ ἀοριστία, σκορπίοι τε καὶ καρκῖνοι καὶ τὰ ὅμοια τῶν ῥητοὺς πόδας ἐχόντων, τὰ δὲ ἐφεξῆς αὐτοῖς πολυ- 20

5 cf. Ph. *παναρμονίαν*   7 *ἰσάκ. ἴση ἰσ.* cf. Nicom. II 20, 5. Theo p. 95, 22   8 *Καδμείαν* Ph.   10 sqq. cf. Macr. I 5, 15 13 sqq. cf. Macr. I 15, 13 sq.

ἀδιαφορουμένου Ast in adn. *διφορούμενον* scripsi cl. Macr.: duplicato
1 *ἵνα* p Ast   *ἀντιθέτων* y *ἀντιθέντων* Pp Ast   2 *ἀγώνων* p *συντελῇ* xp *συντελῆται* Ast *ᾖ* addidi   3 *η'*] *ὀκτώ* NBF *ἁρμονικὸν* p Ast   5 *ἔνθα* xp *ἔνθεν* Ast *ἐπεκαλεῖ* τὸ F   7 *ἰσάκις ἴση* om. LNBF   8 *καδαμείαν* N   9 *παρόσον* MLPB: delendum videtur   10 *κἂν*] *καὶ* LNBF   11 *ὀκτώ* alt. scripsi: *ἡ* LNBFPp *η'* MAst   *οἱ* om. NF   11 sq. *ἀστρονόμοις κατὰ λῆψιν* xp *ἀστρονομικῇ καταλήψει* Ast in adn.   12 *ἀναγκαιότα* NF   13 *ἐφαπτομένων* x *ἐφαπτόμενοι* p Ast   14 *ἰσημερὸς* NF   15 *φασὶν* MLB   17 *δεῖ* x *δὲ* p Ast qui in adn. *ἔν τε τοῖς* corrigi vult: *δεῖ* seclusi   18 *καὶ ἐπιγείοις* ante *εἴπερ* interponi vult Ast   *πεποδυμένων* MLNFP *πεπεδυμένων* B corr. Ast   19 *ἡ*] *τι* LNBF   *σκορπιοί* P   20 *δὲ* om. B

74 IAMBLICHI

ποδῶν ψιλῶν ἐστιν ἤδη. καὶ τῶν τοῦ ἀνθρώπου ὀδόντων ἡ τετραχῆ διανέμησις ὀγδοαδική πώς ἐστι, καὶ ἡ τῶν ἐκ κεφαλῆς τεσσάρων κατατρήσεων διαφόρησις κατ' αὐτὴν ὥρισται, καὶ ἕτερα ἐοικότα περί τε θηλὰς ζώων καὶ χηλὰς κατ' ἀνάλο-
5 γον. ὅθεν αὐτὴν μητέρα ἐπωνόμαζον, τάχα μὲν εἰς τὰ λεχθέντα ἀναφέροντες, (θῆλυς γὰρ ὁ ἄρτιος,) τάχα δέ, ἐπειδὴ μήτηρ μὲν θεῶν ἡ Ῥέα, Ῥέας δὲ δυὰς μὲν ἀπεδείχθη σπερματικῶς, ὀγδοὰς δὲ κατ' ἐπέκτασιν. δοκεῖ δέ τισι καὶ αὐτὸ τὸ ὄνομα τοῦτο πεποιῆσθαι τὸ ὀγδοὰς οἷον ἐκδυὰς ἡ ἐκ δυάδος
10 γεγονυῖα κυβισθείσης. Φιλόλαος δὲ μετὰ τὸ μαθηματικὸν μέγεθος τριχῆ διαστὰν ⟨ἐν⟩ τετράδι, ποιότητα καὶ χρῶσιν ἐπιδειξαμένης τῆς φύσεως ἐν πεντάδι, ψύχωσιν δὲ ἐν ἑξάδι, νοῦν δὲ καὶ ὑγείαν καὶ τὸ ὑπ' αὐτοῦ λεγόμενον φῶς ἐν ἑβδομάδι, μετὰ ταῦτά φησιν ἔρωτα καὶ φιλίαν καὶ μῆτιν καὶ ἐπίνοιαν
15 ἐπ' ὀγδοάδι συμβῆναι τοῖς οὖσιν. ὅτι ἀλιτόμηνος· ἐπὶ μὲν τῆς Ῥέας μυθολογοῦσιν, ὅτι τοὺς τικτομένους ἀπ' αὐτῆς ἠφάνιζεν ὁ Κρόνος, ὡς ἱστορεῖται, ἐπὶ δὲ τῆς ὀγδοάδος, ὅτι ἀτελεσιούργητοι αἱ κατὰ τὸν ὄγδοον μῆνα ὠδῖνες, ἠλιτόμηνοί πως διὰ τοῦτο λεγόμεναι. ὅτι τοῦ τῶν Μουσῶν ἀριθμοῦ τὸ Εὐ-
20 τέρπη ὄνομα τῇ ὀγδοάδι ἐπιπρέπειν ἔλεγον, παρ' ὅσον εὔτρεπτος μάλιστα τῶν ἐντὸς δεκάδος, ἀρτιάκις ἄρτιος οὖσα καὶ μέχρι τῆς φύσει ἀτόμου μονάδος αὐτῆς.

7 sq. Ph. Ῥέα   8 sq. cf. Mart. Cap. VII 740. Del. p. 174, 46
10 Φιλόλαος 32 A 12 Diels³   12 sq. ψύχ., νοῦν, φῶς cf. Procl.
in Tim. 168 C 223 E   14 ἔρωτα ... ἐπίνοιαν Ph.   15 ἀλιτ. cf.
Ph. Lyd. IV 162   19 sq. Εὐτέρπη Ph.

1 ψιλῶν x [= τῶν ἁπλῶς πολυπόδων] ψυλῶν p ψυλλῶν corr.
Ast εἴδη B   2 τετραχή NF τέτραχα Ast   3 κατὰ τρίσεων p
4 θυλὰς p   4 sq. καταναλογον NF   5 μητέραν Pp   τε post μητέρα add. M   6 θῆλυς p   7 sq. περματικῶς MLNB   8 κατὰ p Ast
ἐπέκτασιν y (κατεπέκτασιν NF) ἐπίκτασιν Pp ἐπίτασιν Ast   9 ἐκδυάδος FP   10 μετὰ τὸ bis N   διεξιέναι post τὸ add. Ast iu
adn. μαθητικὸν NF   11 διαστὰν p   ἐν add. Ast Boeckh Diels
ὁρᾶσθαι post τετράδι add. Ast in adn.   ποιότητι xp corr. Ast
11 sq. ἐπιδεξαμένης mavult Ast   15 ἐπογδοάδι NFp   ἀλιτόμηνα
P   18 ὄγδον F   ἠλιτόμηνοι x ἀλιτόμηνοι p Ast   19 διατοῦτο B
20 ἐπιπρέπειν MLB ἐπιτρέπειν NF πρέπειν Pp Ast   παρόσον
MLPMeurs.   20 sq. εὔτρεπος MLBPp εὔτρεπτος NFMeurs. Ast

THEOLOGOUMENA ARITHMETICAE 75

Ἀνατολίου.

ἡ ὀγδοὰς ἀσφάλεια καλεῖται καὶ ἕδρασμα, | ἀγωγὸς οὖσα 56
παρὰ τὸ δύο ἄγειν· σπέρμα αὐτῆς ὁ πρῶτος ἄρτιος. τετράδι
πολλαπλασιασθεῖσα ποιεῖ τὸν λβ΄, ἐν ᾧ φασι χρόνῳ τὰ ἑπτά-
μηνα διατυποῦσθαι· ἡ περιέχουσα τὰ πάντα σφαῖρα ὀγδόη, 5
ὅθεν ἡ παροιμία ΄πάντα ὀκτώ' φησι. ΄[σὺν] ὀκτὼ δὴ
σφαίρῃσι κυλίνδετο [ὁ] κύκλῳ ἰόντα | ...ἐνάτην περὶ
γαίην', Ἐρατοσθένης φησίν. ἀρχὴ τῶν μουσικῶν λόγων ἐστὶν
ὁ η΄ ἀριθμός, καὶ εἰσὶν οἱ ὅροι τοῦ κοσμικοῦ συστήματος οὕ-
τως· ὁ η΄ ἀριθμὸς ἐπόγδοον ἔχων τὸν θ΄ ἀριθμόν (ὑπερέχει δὲ 10
μονάδι ὁ θ΄ τοῦ η΄), ὁ ιβ΄ ἡμιόλιος τοῦ η΄, ἐπίτριτος τοῦ θ΄,
ὑπερέχει τριάδι τοῦ θ΄· ὁ ιϛ΄ ἐπίτριτος τοῦ ιβ΄, ὑπερέχει
δ΄· ὁ ιη΄ ἡμιόλιος τοῦ ιβ΄, ὑπερέχει ἑξάδι· ὁ κα΄ τοῦ θ΄
διπλασιεπίτριτος, ὑπερέχει ιβ΄· ὁ κδ΄ ἐπίτριτος τοῦ ιη΄,
ὑπερέχει ϛ΄· ὁ λβ΄ ἐπίτριτος τοῦ κδ΄, ὑπερέχει η΄· ὁ λϛ΄ δι- 15
πλάσιος τοῦ ιη΄, ἡμιόλιος τοῦ κδ΄, ὑπερέχει ιβ΄· καὶ ἔστιν ὁ
μὲν θ΄ ἐπόγδοος τοῦ η΄ Σελήνης, ὁ ιβ΄ ἡμιόλιος τοῦ η΄ Ἑρ-
μοῦ, ὁ ιϛ΄ διπλάσιος τοῦ η΄ Ἀφροδίτης, ὁ ιη΄ διπλάσιος τοῦ
θ΄ ἐν ἐπογδόῳ τοῦ ιϛ΄ Ἡλίου, ὁ κα΄ διπλασιεπίτριτος τοῦ θ΄
Ἄρεος, ὁ κδ΄ διπλάσιος τοῦ ιβ΄ ἐν ἡμιολίῳ τοῦ η΄ Διός, ὁ λβ΄ 20
τετραπλάσιος τοῦ η΄ Κρόνου, ὁ λϛ΄ τετραπλάσιος τοῦ θ΄ ἀπλα-

2—8 = An. p. 38, 7—14 3 cf. Del. p. 174, 46 sq. 6 cf.
Theo p. 105, 12. Poll. IX 100. Zenob. V 78. Phot. et Suid. s. v.
πάντα ὀκτώ. 6 sqq. cf. Erat. fr. 17 Hiller; Theo p. 106, 1 sq.

2—3 ἀγωγ... ἄγειν om. An. 3 σέρπα F αὐτῆς χρ σπέρματα
ἐν αὐτῇ Ast in adn. αὐτῆς scripsi cl. An. 3—4 τετρ.... λβ΄]
ἀπὸ μονάδος συντεθεῖσα ποιεῖ τὸν λϛ΄ An. 4 sq. ἑπτάμονα NF
5 περιέχουσα P 6 φησιν MLB σὺν seclusi ὀκτὼ δὴ] ὁ. δ΄
ἐν Theo apud quem v. antec. inc. ὁ. δή 7 κυλίνδεται χ Ast
κυλίνδετο An. Theo ὁ secl. Ast κυκλώων χρ κυκλόεντα vel κύκλῳ
ἰόντα (Theo) Ast ἐνάτην MLBPp ἐννάτην NFAst ἐννέα τὴν
An. 8 γαίην χ An. γαῖαν Theo γῆν Ast in adn. 9 η΄] ὄγδοος B
10 ἔχων χρ ἔχει Ast θ΄] ἐννέα BNF 11 ὁ θ΄ MLBP ὁ ἐννέα
NF ὁ ἔνατος p ὁ ἔννατος Ast η΄ pr.] ὀκτὼ NF 14 ιη΄] ιβ΄ F
16 ιη΄] ιβ΄ F 17 ἐπ᾽ ὄγδοος LBF η΄ alt.] ὀκτὼ NF 18 διπλά-
σιος pr.] διπλασίων χρ corr. Ast η΄] ὀκτὼ NF 19 ἐν ἐπογδόῳ
χρ καὶ ἐπόγδοος Ast 20 ἐν ἡμ.] ὁς ἡμιόλιος corr. Ast in adn.
21 τοῦ η΄ Κρόνου, ὁ λϛ΄ τετραπλάσιος om. NF 21 sq. τοῦ θ΄ ἐν
ἐπογδόῳ (vel καὶ ἐπόγδοος) τοῦ λβ΄ ἀπλανῶν corr. Ast in adn.

νῶν ἐν ἐπογδόῳ λόγῳ ⟨τοῦ λβ′⟩· αἱ δὲ ὑπεροχαί· λϛ′ ὑπερέχει δ′, λβ′ η′, κδ′ γ′, ⟨κα′ γ′⟩, ιη′ β′, ιϛ′ δ′, ιβ′ γ′, ϑ′ α′, ἡ ὑπερέχει [δὲ] τοῦ η′ ὁ ϑ′ μονάδι, ὁ ιβ′ τοῦ ϑ′ τριάδι, ὁ ιϛ′ τοῦ ιβ′ τετράδι, ὁ ιη′ τοῦ ιϛ′ δυάδι, καὶ οἱ λοιποὶ ὁμοίως.

IX περὶ ἐννεάδος.

6 Τὴν δὲ ἐννεάδα μέγιστον τῶν ἐντὸς δεκάδος ἀριθμῶν καὶ πέρας ἀνυπέρβλητον· ὁρίζει γοῦν τὴν εἰδοποίησιν οὕτως· οὐ γὰρ μόνον ἐπὶ τοῦ ἐπ' ἐννάτου τόνου μηκέτι εἶναι συμβέβηκε λόγον περαιτέρω μουσικὸν ἐπιμορίως, ἀλλὰ καὶ διὰ τὸ 10 φυσικῶς ἀναστρέφειν τὴν σύνθεσιν ἐκ φυσικοῦ τέλους εἰς τὴν 57 ἀρ|χὴν καὶ ἀπὸ συναμφοτέρων εἰς τὸ μέσον, καθὰ ποικιλώτερον ἀπεδείξαμεν ἐν τῷ κατὰ τὴν πεντάδα δικαιοσύνης ἐπιγράμματι. κατὰ γοῦν τὸ ὄνομα, τὴν συμπάθειαν καὶ ἀντιζυγίαν ἔοικεν αἰνίττεσθαι, εἴπερ ἐννεὰς μὲν κέκληται οἱονεὶ ἑνὰς ἡ 15 πάντα ἐντὸς αὐτῆς κατὰ παρωνυμίαν τοῦ ἕν· ὅτι δὲ οὐδὲν ὑπὲρ τὴν ἐννεάδα ὁ ἀριθμὸς ἐπιδέχεται, ἀλλ' ἀνακυκλεῖ πάντα ἐντὸς ἑαυτῆς, δῆλον ἐκ τῶν λεγομένων παλινῳδιῶν· μέχρι μὲν γὰρ αὐτῆς φυσικὴ πρόβασις, μετὰ δ' αὐτὴν παλιμπετής· τὰ γὰρ ι′ μονὰς γίνεται κατὰ ἑνὸς ἀφαίρεσιν στοιχειώδους ποσοῦ, 20 τουτέστι κατὰ ἐννεάδος μιᾶς, τὰ δὲ ια′ καὶ κ′ πάλιν δυάς, ἤτοι μιᾶς ἢ δυοῖν ἀφαιρεθεισῶν, ιβ′ δὲ καὶ λ′ τριάς,

---

1 αὗται post ὑπεροχαί add. Ast 2 κδ′] κα′ F ⟨κα′ γ′ τοῦ ιη′⟩ Ast ἢ] η′ Pp 3 δὲ Pp Ast om. y: seclusi 4 β′ xp Ast δυάδι scripsi 6 ἀριθμῶν ex ἀριθμός ead. m. corr. P 7 ἀνυπέρβλυτον P 8 ὅτι post μόνον add. et ἐπὶ τοῦ [mea sententia = διὰ τὸ] secl. Ast ἐπενάτου τόνον xp (ἐπεννάτου NF) corr. Ast 9 λόγων F ἐπιμορίως xp ἐπιμόριον corr. Ast 11 ἀποσυναμφοτέρων B 11sq. ποικιλότερον B ποικιλώτερον ex ποικιλιώτερον ead. m. corr. N 12sq. διαγράμματι recte mavult Ast: cf. enim infra p. 77, 16 14 αἰνίτεσθαι F ἁ post οἱονεὶ add. F 16 ἐννάδα Meurs. ἀλλὰ pMeurs. Ast ἀνακυκλοῖ B 17 λεγομένων om. Meurs. παλινῳδιῶν x (iota subscriptum om. BF) παλινοδιῶν Meurs. Ast μὲν om. F 18 φυσικὴ ex φυσικῆς ead. m. corr. N 19 ι′] δέκα Meurs. γίγνεται NBF στοιχειώδη xpMeurs. corr. Ast 20 μονάδος xpMeurs. ἐννεάδος corr. Ast δὲ om. Meurs. ἕνδεκα NFMeurs. καὶ Pp Meurs. Ast om. y κ′ om. PpMeurs. 21 δώδεκα Meurs. τριάκοντα xpMeurs. Ast λ′ scripsi

THEOLOGOUMENA ARITHMETICAE 77

καὶ πάλιν τὸ ρ´ μονάς, ια´ ἐννεάδων ἀφαιρεθεισῶν, καὶ τὸ αὐτὸ μέχρι καὶ ἀπείρου, ὥστε μηδεμιᾷ μηχανῇ δυνατὸν εἶναι ἀριθμὸν ἄλλον ὑπὲρ τὰ ἐννέα στοιχειώδη συστῆναι. καὶ διὰ τοῦτο Ὠκεανόν τε προσηγόρευον αὐτὴν καὶ ὁρίζοντα, ὅτι ἀμφοτέρας ταύτας περιείληφεν οἰκήσεις καὶ ἐντὸς ἑαυτῆς ἔχει, κατ' ἄλλο δὲ σημαινόμενον Προμηθέα ἀπὸ τοῦ μηκέτι ἐᾶν τινα πρόσω αὐτῆς χωρεῖν ἀριθμόν, καὶ εὐλόγως γε· τρὶς γὰρ τέλειος ὑπάρχουσα οὐδ' ἐπίδοσιν αὐξήσεως ἀπέλιπεν, ἀλλὰ καὶ δύο κύβων ἅμα σύνθεσις, τοῦ α´ καὶ τοῦ η´, καὶ τετράγωνος οὖσα τὴν πλευρὰν τρίγωνον ἔχει μόνη τῶν μέχρις αὐτῆς. διὰ γοῦν τὸ μὴ ἀφιέναι σκορπίζεσθαι ὑπὲρ αὐτὴν τὴν τοῦ ἀριθμοῦ σύμπνοιαν, συνάγειν δὲ εἰς τὸ αὐτὸ καὶ συναυλίζειν, ὁμόνοιά τε καλεῖται καὶ πέρασις, καὶ ἅλιος ἀπὸ τοῦ ἁλίζειν. ἐκαλεῖτο δὲ καὶ ἀνεικία διὰ τὴν ἀνταπόδοσίν τε καὶ ἀμοιβὴν τῶν ἀπ' αὐτῆς μέχρι μονάδος, ὡς εἴρηται ἐν τῷ περὶ δικαιοσύνης διαγράμματι· ὁμοίωσις δὲ τάχα μὲν παρὰ τὸ πρῶτος περισσὸς τετράγωνος ὑπάρχειν (ὁμοιωτικὸν γὰρ δι' ὅλου παρ' αὐτῆς λέγεται τὸ περισσὸν εἶδος, ἀνόμοιον δὲ τὸ ἄρτιον, καὶ πάλιν ὁμοιωτικὸν μὲν τὸ τετράγωνον, | ἀνόμοιον δὲ τὸ ἑτερόμηκες), τάχα δὲ κἀπειδὴ μάλιστα τῇ πλευρᾷ ὡμοιώθη· ὡς γὰρ ἐκείνη τρίτην χώραν ἐν τῇ φυσικῇ εἴληχεν, οὕτω καὶ ἡ ἐννεὰς τρίτη ἐν τῇ κατ' αὐτὴν ἀναλόγῳ προβάσει. καὶ Ἥφαιστον δὲ αὐτὴν ἐπωνόμαζον, ὅτι μέχρις αὐτῆς ὥσπερ

4sqq. Ὠκ., ὁρίζ., Προμ. Ph.   12sqq. ὁμόν., πέρας., ἅλ., ἀνεικία, ὁμοίωσις Ph.   19sq. cf. Iambl. p. 82, 11 sq.   23 sq. Ἥφαιστον, Ἥραν Ph.

1 τὸ ρ´]τὰ ἑκατὸν Meurs.   μονάς scripsi: μόνον xp Meurs. Ast ι´ ἐννεάδων ⟨ι´⟩ ἀφ. Ast   2 μηδὲ μιᾷ B   3sq. διατοῦτο B
6 προμήθεια xp corr. Meurs. Ast   ἐᾶν ex ἐάν alt m. corr. P
7 αὐτῆς xp Meurs. Ast αὑτῆς scripsi   7 sq. τρεῖς γὰρ τελείως xp (τρεὶς F) corr. Meurs. Ast   10 μόνην p   11 τὴν om. F
12 sq. ὁμόνια F   13 περασία xp περσεία Meurs. cl. Ph. (qui περσείαν praebet imperitia librarii) πέρασις Ast   ἁλιὸς y
14 ἀνοικεία xp (ex ἀνεικεία ead. m. corr. B) corr. Meurs. Ast
16 ὁμοίως xp ὁμοίωσις Meurs. Ast   17 διόλου MLBPp Meurs.
20 sq. ὁμοιώθη B   23 μέχρι MLPp Ast

Iamblichus ed. de Falco   7

κατὰ χώνευσιν καὶ ἀναφορὰν ἡ ἄνοδος, καὶ Ἥραν παρὰ τὸ κατ᾽ αὐτὴν τετάχθαι τὴν τοῦ ἀέρος σφαῖραν ἐπὶ ταῖς ὀκτὼ ἐννάτην οὖσαν, καὶ Διὸς ἀδελφὴν καὶ σύνευνον διὰ τὴν πρὸς μονάδα συζυγίαν, ἑκάεργον ἀπὸ τοῦ εἴργειν τὴν ἑκὰς
5 πρόβασιν τοῦ ἀριθμοῦ, νυσσηίταν ἀπὸ τοῦ ἐπὶ νύσσαν καὶ ὡσανεὶ τέρμα τι τῆς προόδου τετάχθαι. Κουρῆτιδα δὲ ἰδίως καὶ Ὀρφεὺς καὶ Πυθαγόρας αὐτὴν τὴν ἐννεάδα ἐκάλουν, ὡς Κουρήτων ἱερὰν ὑπάρχουσαν τριῶν τριμερῆ, ἢ κόρην γε, ἅπερ ἀμφότερα τριάδι ἐφηρμόσθη, τρὶς τοῦτο ἔχουσαν, καὶ Ὑπερίονα
10 διὰ τὸ ὑπὲρ πάντας τοὺς ἄλλους εἰς μέγεθος ἐληλυθέναι, καὶ Τερψιχόρην ἀπὸ τοῦ τρέπειν καὶ ὡς χορὸν ἀνακυκλεῖν τὴν τῶν λόγων παλιμπέτειαν καὶ σύννευσιν ὡς εἰς μέσον καὶ τὴν ἀρχὴν ἀπὸ τέλους τινός.

ἐννεὰς ἀπὸ περισσοῦ πρῶτος τετράγωνος.

15 καλεῖται δὲ καὶ αὐτὴ τελεσφόρος, τελειοῖ δὲ τὰ ἐννεάμηνα. ἔτι τέλειος, ὅτι ἐκ τελείου τοῦ γ' γίνεται. αἱ σφαῖραι περὶ ἐννάτην ⟨τὴν⟩ γῆν στρέφονται. λέγεται δὲ καὶ τοὺς τῶν συμ-

---

3 cf. Ph. Verg. Aen. I 46 sq.   4 sq. ἑκάεργον, νυσσηίταν, κουρῆτιδα Ph.   6 sqq. cf. Lobeck Aglaoph. I 716 Orph. fr. 149 Abel   8 sq. κόρην, Ὑπερίονα Ph.   11 Τερψιχόρην Ph. 14—p. 79, 3 = An. p. 38, 16. 19 sqq.   14 cf. Theo p. 106, 3. Lyd. III 10   15 sq. cf. Lyd. IV 26. Censor. d. die n. 8, 1 τέλειος Isidor. Migne PL 83, 190   16 sq. cf. Theo p. 105, 13

1 κατὰ χώνωσιν MLPp καταχώνωσιν NBF corr. Ast   ἀνὰ φορὰν F   2 ἄρεος σφαίραν B   η' MLBPp Ast ὀκτώ NFMeurs. 3 ἐνάτην MLPp Meurs.   ἀδελφῇ καὶ σύνευνος xp corr. Ast 4 ἑκάεργος xp corr. Ast   5 νυσσηιόταν xp Meurs.   νυσσηίταν Ast Del. νυσσηίδα Ph.   νύσαν P   6 τέρματι FP   κυρήτιδα xp corr. Ast   δὲ om. Abel Roscher   7 ὀρφοὺς M   αὐτὴν om. Abel Roscher   7 sq. ἄτε κυρῖτιν xp ἄτε κυρήτην Bulliadus ἄτε Κουρήτιδα Ast   ὡς Κουρήτων Lobeck Abel Roscher   9 δι' ἐφηρμόσθη LBN   ἔχουσαν MNBLPp ἔχουσα F ἐχούσῃ Ast   ὑπετρίονα F   11 τερψυχόρην NBF   τρέπην B   ἀνακυκλοῦν Pp Ast   12 παλιαπέτειαν xp corr. Ast   σύνεσιν y σύνευσιν Pp Meurs.   σύννευσιν Ast Heiberg   13 ἀποτέλους L   τινὰς LBF   post τινός fort. interp. ⟨Ἀνατολίου⟩   15 καὶ secl. Ast: at cf. An.   δὲ xp γὰρ An. Ast in adn.: at cf. supra p. 71, 9   16 ἐκ τελείου y An.   ἀτελείου Pp ἀπὸ τελείου Ast   γίγνεται NBF fort leg. αἱ ⟨η'⟩ σφ. ut praebet An. σφαῖρε L   17 ἐνάτην MLNPp   τὴν addidi cl. An.   17 sq. συμφωνιῶν p

φωνιῶν λόγους ἔχειν ⟨ὁ⟩ θ', δ' γ' β', ἐπίτριτον τὸν δ' πρὸς [τὸ] γ', ἡμιόλιον τὸν γ' πρὸς β', διπλάσιον τὸν δ' πρὸς β'· πρῶτός ἐστιν ἐπόγδοος.

περὶ δεκάδος. X

Πολλάκις ἔφθημεν εἰπόντες τὸν τεχνικὸν νοῦν πρὸς τὰς ἀριθμοῦ ἐμφερείας καὶ ἀφομοιώσεις ὡς πρὸς παράδειγμά τι παντελὲς ἀπεργάσασθαι τὴν τοῦ κόσμου καὶ τῶν ἐν κόσμῳ πάντων κατασκευήν τε καὶ σύστασιν· ἐπεὶ δὲ ἀόριστον τὸ ὅλον πλῆθος ἦν καὶ ἀδιεξίτητος ἡ τοῦ ἀριθμοῦ πᾶσα ὑπόστασις, οὐκ ἦν εὔλογον οὐδ' ἄλλως ἐπιστημονικὸν ἀπεριλήπτῳ χρῆ|σθαι παραδείγματι, ἔδει δὲ συμμετρίας, ἵνα τῶν προκειμένων αὐτῷ ὅρων καὶ μέτρων ὁ τεχνίτης θεὸς ἐν τῇ δημιουργίᾳ περιγένηται καὶ περικρατήσῃ, καὶ μήτε ἐπ' ἔλαττον μήτε ἐπὶ πλέον τοῦ προσήκοντος ἤτοι ἐνδεῶς συστείλῃ ἢ πλημμελῶς ὑπερεκπέσῃ· φυσικὴ δέ τις συσταθμία καὶ μετριότης καὶ ὅλωσις ἐν τῇδε μάλιστα ὑπῆρχε. πάντα μὲν σπερματικῶς ἐντὸς αὐτῆς περιειληφυῖα, στερεὰ καὶ ἐπίπεδα, ἄρτιά τε καὶ περισσὰ καὶ ἀρτιοπέρισσα καὶ τέλεια πᾶσι τρόποις, πρῶτά τε καὶ ἀσύνθετα, ἰσότητά τε καὶ ἀνισότητα, τὰς δὲ δέκα σχέσεις, διαμετρικά τε καὶ σφαιρικὰ καὶ κυκλικά, μηδεμίαν δὲ ἰδιάζουσαν ἢ φυσικὴν ἄλλως παραλλαγὴν καθ' ἑαυτὴν ἔχουσα, ὅτι μὴ κατ' ἐπιδρομὴν καὶ ἀνακύκλησιν τὴν εἰς ἑαυτήν, εἰκότως μέτρῳ τῶν ὅλων αὐτῇ καὶ ὥσπερ γνώμονι καὶ εὐθυντηρίῳ ἐχρήσατο πρὸς τὴν πρόθεσιν ἁρμοζόμενος· διόπερ τοῖς κατ' αὐτὴν λόγοις συμφώνως ἔχοντα τὰ ἀπ' οὐρανοῦ μέχρι γῆς ὁλοσχερέστερόν τε καὶ

16sqq. = Ph. cf. Philol. 32B 11 Archyt. 35 B 5 Diels³. Iambl. p. 118, 12 sq. etc.   23 γνώμονι cf. Lyd. I 15

---

1 ὁ addidi cl. An.   2 τὸ secl. Ast   6 ἐμφερέας F ἀμφομοιώσεις LNB παραδείγματι MLBF παραδείγματι P   7 ἀπειργάσατο xp corr. Ast   13 ἐπέλαττον NF ἐπιπλέον L   16 πάντας xp corr. Ast αὐτῆς LNBFP p   17 ἐπίπεδον p   19 δέκα om. B   21 ὅ τι F κατεπιδρομὴν B ἐπιδραμὴν p   24 τοῖς x τὴν p τοὺς Ast λόγοις xp λόγους Ast   24 sq. συμφώνως MLB συμφόνως NF συμφώνων P συμφώνους Ast   25 ἔχονται F γῆς] τῆς P

80   IAMBLICHI

κατὰ μέρος εὑρίσκεται [καὶ] διακεκοσμημένα κατ' αὐτήν. διόπερ καὶ ἐπωνόμαζον αὐτὴν θεολογοῦντες οἱ Πυθαγορικοὶ ποτὲ μὲν κόσμον, ποτὲ δὲ οὐρανόν, ποτὲ δὲ πᾶν, ποτὲ δὲ εἱμαρμένην καὶ αἰῶνα κράτος τε καὶ πίστιν καὶ Ἀνάγκην 5 Ἄτλαντά τε καὶ ἀκάμαντα καὶ θεὸν ψιλῶς καὶ Φάνητα καὶ ἥλιον, ἀπὸ μὲν τοῦ κατ' αὐτὴν διατετάχθαι τὰ ὅλα καθόλου τε καὶ κατὰ μέρος κόσμον, ἀπὸ δὲ τοῦ ὅρον τὸν τελειότατον ἀριθμοῦ εἶναι, παρ' ὃ δεκὰς οἱονεὶ δεχάς, καθάπερ ὁ οὐρανὸς τῶν πάντων δοχεῖον, οὐρανὸν καὶ Μουσῶν γε Οὐ-
10 ρανίαν· πᾶν δέ, ὅτι ἀριθμὸς φυσικὸς πλείων οὐδείς ἐστιν, ἀλλ' εἰ καί τις ἐπινοεῖται, κατὰ παλινωδίαν ἐπ' αὐτόν πως ἀνακυκλεῖται· ἑκατοντὰς γὰρ δέκα δεκάδες καὶ χιλιὰς δέκα ἑκατοντάδες καὶ μυριὰς δέκα χιλιάδες καὶ ἄλλων ἕκαστος οὕτως ἢ εἰς αὐτὴν ἢ εἴς τινα τῶν ἐντὸς αὐτῆς ἀναποδισθήσεται
60 παλινωδούμενος· πάντων οὖν εἰς | αὐτὴν ἡ ἀνάλυσις καὶ ἡ
16 ἀναστροφὴ παντοία· ἢ πᾶν ἡ δεκὰς καλεῖται ἀπὸ τοῦ μυθευομένου Πανός· δεκάδι γὰρ καὶ οὗτος τιμᾶται καὶ ταῖς τῶν μηνῶν δεκαταίαις παρὰ τῶν ἀγροίκων τιμᾶται καὶ ὑπὸ δέκα, καὶ ἐπίπαν ὑπὸ ποιμένων, αἰπόλων, βουκόλων, ἱπποφορ-
20 βῶν, πολεμικῶν, κυνηγῶν, ἁλιέων, κηπωρῶν, ὑλοτόμων, τῶν

3—10 epitheta omnia praebet Ph.   3 κόσμον Procl. in remp.
II 169 Kr. in Tim. 212A. 269B. 339A.   Syrian. in met. 915B.
Asclep. in met. p. 35, 17 H.   οὐρανόν Iambl. p. 118, 14   πᾶν
Iambl. p. 118, 13.   Philo de plant. Noe 28. 29. Del. p. 172, 20
8 δεχάς cf. Philo de dec. 23. Lyd. I 15. An. p. 39, 16. Iambl.
p. 118, 12. Mart. Cap. VII 742. Asclep. p. 38, 31 H. Del. p. 174,
54 etc.   10 cf. An. p. 29, 7 sq. Theo p. 99, 18 sq.   12 cf. Mart.
Cap. VII 746

---

1 καί secl. Heiberg   4 utrum ἀγῶνα an αἰῶνα P praebeat incertum est ἀγῶνα p   8 δεχάς] δεκὰς F   ὁ om. LNBF
10 φυσικῶς pAst   11 εἰ καί τις MLNFP εἰκέτις Bp εἴ γέ τις
Ast παλινῳδίαν xp παλινοδίαν Ast   12 δέκα pr om. Pp
15 παλινῳδούμενος xp (iota subscriptum praebet B) παλινοδ. Ast
ἡ ante ἀναστροφὴ om. NF   16 πᾶν BFP   17 Πανὸς y om. PpAst
δεκάδι y δεκάδος Pp δεκὰς vel δέκατος corr. Ast οὗτος x οὕτως
pAst   18 καὶ ὑπὸ δέκα secl. Ast   19 ἀπόλων F   20 γυνηγῶν
NF ἁλιέων Pp κηπονρῶν pAst καὶ ante τῶν add. Ast in adn.

θεμελίους τινὰς καταβαλλομένων. καὶ τῷ ἀνθρωπίνῳ δὲ γένει δέκα ζώων ἰδέας συνῳκηκέναι λέγεται, κύνα, ὄρνιν, βοῦν, ἵππον, ὄνον, ὀρέα, χῆνα [ἢ νῆτταν], αἶγα, πρόβατον, γαλῆν. εἱμαρμένην δὲ πάλιν ἔλεγον, παρ' ὅσον οὐδεμία ἰδιότης οὔτε ἐν ἀριθμοῖς οὔτε ἐν τοῖς οὖσι κατ' ἀριθμοῦ σύστασίν ἐστιν, ἢ 5 οὐκ ἐν δεκάδι καὶ τοῖς ἐντὸς αὐτῆς σπερματικῶς καταβέβληται, κατὰ εἱρμὸν δὲ λοιπὸν καὶ κατ' ἀκολουθίαν διατείνει καὶ ἐπὶ τὰ μετ' αὐτήν, εἱμαρμένη δὲ ὡς εἱρομένη τις καὶ εὐτακτουμένη ἀπόβασις· αἰῶνα δέ, ὅτι περιεκτικὸς τῶν ὅλων οὗτος τελειότατος ὢν καὶ ἀίδιος, τελεστικὸς τῶν ἁπάντων, ὡς ἡ δε- 10 κάς, ἐλέχθη· κράτος δέ, ὅτι κρατύνεσθαί τε τὰ κοσμικὰ δι' αὐτοῦ συμβέβηκε, καὶ τῶν ἄλλων κρατεῖν ἀριθμῶν ὁ δέκα φαίνεται πάντων τε λόγων ἕρκος τι καὶ περίκλεισις καὶ δοχεῖον· διόπερ καὶ κλειδοῦχος ἐκαλεῖτο πρὸς τῷ καὶ τοῦ μέχρι τετράδος εἶναι συστήματος. πίστις γε μὴν καλεῖται, ὅτι κατὰ 15 τὸν Φιλόλαον δεκάδι καὶ τοῖς αὐτῆς μορίοις περὶ τῶν ὄντων οὐ παρέργως καταλαμβανομένοις πίστιν βεβαίαν ἔχομεν. διόπερ καὶ Μνήμη λέγοιτ' ἂν ἐκ τῶν αὐτῶν, ἀφ' ὧν καὶ μονὰς Μνημοσύνη ὠνομάσθη. εἰ δὲ καὶ τὴν Ἀνάγκην οἱ θεολόγοι τῇ τοῦ παντὸς οὐρανοῦ ἐξωτάτῃ ἄντυγι ἐπηχοῦσι 20 διηνεκῶς ἐλαύνουσαν καὶ κατεπείγουσαν ἀδαμαντίνῳ καὶ ἀτρύτῳ μάστιγι τὴν σύμπασαν περιδίνησιν, εἴη ἂν καὶ οὕτως ἡ

---

14 κλειδ. cf. Lyd. I 15 (Orph. fr. 151)   15 sqq. cf. Philol. I 305, 8 sqq. Diels³   18 Μνήμη Ph.   19 sq. cf. Plat. de rep. 616 C.

---

1 pro τινὰς fort. legend. λίθους   2 συνῳκηκέναι NF   3 ἢ νῆτταν suprscr. ad ὀρέα y ἤγουν νήτραν in marg. P om. Ast ἢ νῆτταν scripsi, transposui ac seclusi: glossema arbitror   γαλήν p   4 παρόσον MLNFPpMeurs.   5 ἢ xpMeurs. ἢ Ast   7 εἱρμὸν p καὶ pr. om Pp κατ' om. Meurs.Ast   8 sq. εὐκτακτουμένη B   9 περιεκτικῶς p Ast   οὗτος ex οὕτως ead. m. corr. L   οὕτως NBF   11 δὲ] F τε MLNBP   τε om. B   12 συμβέβηκεν x   13 ἕρκος NF   14 τῷ] τὸ F   14—15 haud dubio legend. ἀπὸ τοῦ (vel potius mea sententia ἐπὶ τῷ) καὶ τῶν μέχρι τετράδος εἶναι σύστημα ut coni. Ast   15 στήματος F   16 αὑτοῖς BF αὐτῆς ex αὑτοῖς ead. m. corr. N   μυρίοις P   17 οὐ παρ. καταλ. corrupta diiudicat Boeckh καταλαμβανόμενοι xp corr. Ast   18 μνήμνήμη F λέγοι τ' P   20 ἄντιγι P ἄν τινι p   22 σύμπασιν B περὶ δίνησιν Pp

δεκὰς Ἀνάγκη, πάντα περιορίζουσα καὶ ἀλλήλοις καταμιγνύ-
ουσα καὶ πάλιν διιστάνουσα καὶ κίνησιν καὶ ἀλληλουχίαν
61 ἐμποιοῦσα τοῖς οὖσιν. αἱ κατ' αὐτὴν σφαῖραι τοῦ παντὸς | αἱ
δέκα. Ἄτλας δέ, παρ' ὅσον ὁ μὲν Τιτὰν μυθεύεται φέρειν
5 ἐπὶ τοῖς ὤμοις τὸν οὐρανόν· φησὶ γάρ·

   ἔχει δέ τε κίονας αὐτὸς
μακράς, αἳ γαῖάν τε καὶ οὐρανὸν ἀμφὶς ἔχουσιν·

ἡ δὲ δεκὰς τὸν τῶν σφαιρῶν συγκρατεῖ λόγον οἷον πασῶν
τις διάμετρος οὖσα καὶ περιάγουσα ταύτας καὶ περικλείουσα
10 συνεκτικώτατα. ὅτι καὶ Σπεύσιππος ὁ Ποτώνης μὲν υἱὸς τῆς
τοῦ Πλάτωνος ἀδελφῆς, διάδοχος δὲ Ἀκαδημίας πρὸ Ξενο-
κράτου, ἐκ τῶν ἐξαιρέτως σπουδασθεισῶν ἀεὶ Πυθαγορικῶν
ἀκροάσεων, μάλιστα δὲ τῶν Φιλολάου συγγραμμάτων, βιβλίδιόν
τι συντάξας γλαφυρὸν ἐπέγραψε μὲν αὐτὸ Περὶ Πυθαγορικῶν
15 ἀριθμῶν, ἀπ' ἀρχῆς δὲ μέχρι ἡμίσους περὶ τῶν ἐν αὐτοῖς γραμ-
μικῶν ἐμμελέστατα διεξελθὼν πολυγωνίων τε καὶ παντοίων
τῶν ἐν ἀριθμοῖς ἐπιπέδων ἅμα καὶ στερεῶν περί τε τῶν πέντε
σχημάτων, ἃ τοῖς κοσμικοῖς ἀποδίδοται στοιχείοις, ἰδιότητός
⟨τε⟩ αὐτῶν καὶ πρὸς ἄλληλα κοινότητος, ⟨περὶ⟩ ἀναλογίας τε
20 καὶ ἀντακολουθίας, μετὰ ταῦτα λοιπὸν θάτερον τὸ τοῦ βιβλίου

---

6 sq. Hom. α 53 sq.   10 sqq. Philol. 32 A 13 Diels³   13 Φιλολάου
cf. Theo p. 106, 11   17 sq. πέντε σχημ. cf. Philol. 32 A 15, B 12

1 sq. κατὰ μιγνύουσα L   4 παρόσον MLP   5 Ὅμηρος post γάρ
add. Meurs.   6 τε] γε F   8 τὸν] τὸ F   10 ὑποτάνης xp ὁ Πο-
τώνης Harlesius (ap. Fabr. bibl. gr. III 188) Ast ὁ Πωτώνης
Lang Diels: cf. Diog. L. IV 1   11 διάδοχος] διάδος P ἀκαδη-
μίας MLNF Ast Boeckh Tannery ἀκαδιμίας B ἀκαδημείας P Lang
Diels παρὰ x Ast Lang πρὸ Boeckh Tannery Diels   11 sq. Ξενο-
κράτου x Diels Ξενοκράτους Ast Boeckh Tannery Lang   12 ἐκ
τῶν secl. Ast Tannery: cf. Porphyr. v. Pyth. p. 46, 12 N.   ἐξαι-
ρέτου p   15 αὐτῶ xp αὐτοῖς edd.   16 ἐκμελέστατα MNPp
16 sq. πολυγωνίοις (πολυγονίοις NF) τε καὶ παντοίοις τοῖς ἐν ἀρ.
ἐπιπέδοις ἅ. κ. στερεοῖς xp corr. Ast   17 τι xp τε edd.
πέντε] ε' NF   19 ⟨τε⟩ Diels ⟨τ'⟩ Lang πρὸς ἄλληλα καὶ xp
Ast transp. Tannery Diels Lang περὶ addidi: requiri iam agno-
verat Tannery   20 ἀντακολουθίας xp Lang ἀκολουθίας Ast
Tannery Diels τὸ secl. Diels

ἥμισυ περὶ δεκάδος ἄντικρυς ποιεῖται φυσικωτάτην αὐτὴν
ἀποφαίνων καὶ τελεστικωτάτην τῶν ὄντων, οἷον εἶδός τι τοῖς
κοσμικοῖς ἀποτελέσμασι τεχνικὸν ἀφ᾽ ἑαυτῆς (ἀλλ᾽ οὐχ ἡμῶν
νομισάντων ἢ ὡς ἔτυχε) θεμέλιον ὑπάρχουσαν καὶ παράδειγμα
παντελέστατον τῷ τοῦ παντὸς ποιητῇ θεῷ προεκκειμένην. λέ- 5
γει δὲ τὸν τρόπον τοῦτον περὶ αὐτῆς· ἔστι δὲ τὰ δέκα τέλειος
⟨ἀριθμός⟩, καὶ ὀρθῶς τε καὶ κατὰ φύσιν εἰς τοῦτον καταν-
τῶμεν παντοίως ἀριθμοῦντες Ἕλληνές τε καὶ πάντες ἄνθρω-
ποι οὐδὲν αὐτοὶ ἐπιτηδεύοντες· πολλὰ γὰρ ἴδια ἔχει, ἃ προσ-
ήκει τὸν οὕτω τέλειον ἔχειν, πολλὰ δὲ ἴδια μὲν οὐκ ἔστιν αὐ- 10
τοῦ, δεῖ δὲ ἔχειν αὐτὰ τέλειον. πρῶτον μὲν οὖν ἄρτιον δεῖ
εἶναι, ὅπως ἴσοι ἐνῶσιν οἱ περισσοὶ καὶ ἄρτιοι καὶ μὴ ἑτερο-
μερῶς· ἐπεὶ | γὰρ πρότερος ἀεί ἐστιν ὁ περισσὸς τοῦ ἀρτίου, 62
εἰ μὴ ἄρτιος εἴη ὁ συμπεραίνων, πλεονεκτήσει ὁ ἕτερος· εἶτα
δὲ ἴσους ἔχειν χρὴ τοὺς πρώτους καὶ ἀσυνθέτους καὶ τοὺς 15
δευτέρους καὶ συνθέτους· ὁ δὲ δέκα ἔχει ἴσους, καὶ οὐδεὶς ἂν
ἄλλος ἐλάσσων τῶν δέκα τοῦτο ἔπαθεν ἀριθμός, πλείων δὲ
τάχα (καὶ γὰρ ὁ ιβ´ καὶ ἄλλοι τινές), ἀλλὰ πυθμὴν αὐτῶν
ὁ δέκα· καὶ πρῶτος τοῦτο ἔχων καὶ ἐλάχιστος τῶν ἐχόν-
των τέλος τι ἔχει, καὶ ἴδιόν πως αὐτοῦ τοῦτο γέγονε τὸ ἐν 20

---

6 τέλειος Nicom. p. 122, 18 sq. Iambl. p. 43, 16. An. p. 32, 3.
Macr. I 6, 76. Chalc. p. 100, 8. Isidor. Migne PL 83, 191. Del.
p. 174, 55 etc.   7 sq. cf. Arist. probl. 910 B 23 sqq. Plut. de
εἰ ap. D. 388 C. de plac. ph. I 3 (p. 281 Dox.) etc.

2 τελευτικωτάτην Pp   2 sq. τῶν κοσμικῶν ἀποτελεσμάτων
Ast   4 θεμένων y Lang θέλλων Pp ἢ ἤθελεν Ast θεμέλιον
Diels ὑπάρχουσα x p Ast ὑπάρχουσαν Diels Lang   5 προεκκει-
μένη MLBPp Ast προσκειμένη NF προεκκειμένην Diels Lang
7 ἀριθμός add. Diels κατὰ φύσιν P   10 sq. πολλὰ δὲ ... τέλειον
delev. Ast Tannery Diels² sed hoc loco plane necessaria esse de-
monstravit Lang   11 fort. τέλειον ⟨ὄντα.⟩   12 ἕνωσιν Pp περιτ-
τοὶ Lang Diels τε ante καὶ pr. add. Ast Diels   12 sq. ἑτερομερῶς
x p Lang ἑτερομερεῖς Ast Diels   13 περιττὸς Lang Diels   14 πλέον
ἐκτήσει F εἰ x p Ast ἔτι Lang εἶτα Diels   15 ἔχει, χρὴ Ast

15 sq. καὶ τοὺς δευτ. κ. συνθ. om. NF   17 ἄλλως NB ἄλλως F
ἐλάττων Lang Diels   18 καὶ ... τινές del. Tannery   19 αἱ
δέκα x p corr. Ast   19 sq. ἐχόντων ⟨ὢν⟩ Lang in adn.
20 αὐτοῦ y Lang Diels αὐτὰ Pp αὐτὸ Ast

πρώτῳ αὐτῷ ἴσους ἀσυνθέτους τε καὶ συνθέτους ὦφθαι, ἔχων τε τοῦτο ἔχει πάλιν ⟨ἴσους⟩ καὶ τοὺς πολλαπλασίους καὶ τοὺς ὑποπολλαπλασίους, ὧν εἰσι πολλαπλάσιοι· ἔχει μὲν γὰρ ὑποπολλαπλασίους τοὺς μέχρι πέντε, τοὺς δὲ ἀπὸ τῶν ἓξ μέχρι
5 τῶν δέκα [οἵ] πολλαπλασίους αὐτῶν· ἐπεὶ δὲ τὰ ἑπτὰ οὐδενός, ἐξαιρετέον, καὶ τὰ τέσσαρα ὡς πολλαπλάσια τοῦ δύο, ὥστε ἴσους εἶναι πάλιν [δεῖ]. ἔτι πάντες οἱ λόγοι ἐν τῷ ι΄, ὅ τε τοῦ ἴσου καὶ τοῦ μείζονος καὶ τοῦ ἐλάττονος καὶ τοῦ ἐπιμορίου καὶ τῶν λοιπῶν εἰδῶν ἐν αὐτῷ, καὶ οἱ γραμμικοὶ ⟨καὶ⟩ οἱ
10 ἐπίπεδοι καὶ οἱ στερεοί· τὸ μὲν γὰρ ἓν στιγμή, τὰ δὲ δύο γραμμή, τὰ δὲ τρία τρίγωνον, τὰ δὲ τέσσαρα πυραμίς· ταῦτα δὲ πάντα ἐστὶ πρῶτα καὶ ἀρχαὶ τῶν καθ' ἕκαστον ὁμογενῶν. καὶ ἀναλογιῶν δὲ πρώτη αὕτη ἐστὶν ἡ ἐν αὐτοῖς ὀφθεῖσα ἡ τὸ ἴσον μὲν ὑπερέχουσα, τέλος δὲ ἔχουσα ἐν τοῖς δέκα. ἔν τε
15 ἐπιπέδοις καὶ στερεοῖς πρῶτά ἐστι ταῦτα· στιγμὴ γραμμὴ τρίγωνον πυραμίς· ἔχει δὲ ταῦτα τὸν τῶν δέκα ἀριθμὸν καὶ τέλος ἴσχει· τετρὰς μὲν γὰρ ἐν πυραμίδος γωνίαις ἢ βάσεσιν, ἑξὰς δὲ ἐν πλευραῖς, ὥστε δέκα· τετρὰς δὲ πάλιν ἐν στιγμῆς καὶ γραμμῆς διαστήμασι καὶ πέρασιν, ἑξὰς δὲ ἐν τριγώνου
20 πλευραῖς καὶ γωνίαις, ὥστε πάλιν δέκα. καὶ μὴν καὶ ἐν τοῖς

10 sq. cf. Procl. in Tim. 223 E. Arist. met. VII 11, 1036 B 12. Philo de op. m. 16. Theo p. 97, 19   17 cf. Lyd. IV 76

2 ἴσους add. Lang Diels   2 sq. καὶ τοὺς ὑποπολ. om. NF
3 ὑπὸ πολλαπλασίους MLB   4 τοὺς δὲ] οἱ δὲ Lang   5 δέκα]
ι΄ MLNF   οἱ πολλαπλάσιοι x p Lang corr. Ast Diels   ἐπεὶ] ἐπὶ B
ἑπτά NF ζ΄ MLBP p edd.   οὐδενός] sc. πολλαπλάσια   6 τέσσ. NF
δ΄ MLABP edd.   δύο scripsi β΄ xA edd.   fort. scrib. τοῦ δύο,
⟨προσθετέον⟩: est à ajouter add. Tannery in interpr. gallica
7 δεῖ secl. Lang Diels   δὲ post ἔτι add. Lang   9 καὶ add.
Lang Diels   10 α΄ xA edd.   ἐν scripsi στιγμοί B   β΄ BP edd.
δύο MLNA τὸ δὲ δύο F   11 τρία x Ast γ΄ Lang Diels   δ΄ xA
edd. τέσσαρα scripsi   12 καθέκαστον MLA   13 αὐτὴ p Ast
14 τὸν ἴσον P ἴσον A τῷ ἴσῳ Ast: at cf. Nicom. p. 121, 9
16 δὲ om. p Ast   17 βάσεσι p Ast Diels   18 ἐν alt.] οὐ P
18 sq. στιγμῇ καὶ γραμμῇ xAp corr. Ast   19 διαστήματι xAp
Lang διαστήμασι Ast Tannery Diels   πέρασι Pp Ast Diels
20 δέκα] ι΄ A καὶ tert. om. F

THEOLOGOUMENA ARITHMETICAE 85

σχήμασι κατ᾽ ἀριθμὸν σκεπτομένῳ ⟨ταὐτὸ⟩ συμβαίνει· πρῶτον γάρ ἐστι τρίγωνον τὸ ἰσόπλευρον, ὃ ἔχει μίαν πως γραμμὴν καὶ γωνίαν· λέγω δὲ μίαν, διότι ἴσας ἔχει· ἄσχιστον γὰρ ἀεὶ καὶ ἑνοειδὲς τὸ | ἴσον· δεύτερον δὲ τὸ ἡμιτετράγωνον· μίαν **63** γὰρ ἔχον παραλλαγὴν γραμμῶν καὶ γωνιῶν ἐν δυάδι ὁρᾶται· 5 τρίτον δὲ τὸ τοῦ ἰσοπλεύρου ἥμισυ τὸ καὶ ἡμιτρίγωνον· πάντως γὰρ ἄνισον καθ᾽ ἕκαστον, τὸ δὲ πάντη αὐτοῦ τρία ἐστί. καὶ ἐπὶ τῶν στερεῶν εὑρίσκοις ἂν ἄχρι τῶν τεττάρων προϊὸν τὸ τοιοῦτο, ὥστε δεκάδος καὶ οὕτως ψαύει· γίνεται γάρ πως ἡ μὲν πρώτη πυραμὶς μίαν πως γραμμήν τε καὶ ἐπιφάνειαν ἐν 10 ἰσότητι ἔχουσα, ἐπὶ τοῦ ἰσοπλεύρου ἱσταμένη· ἡ δὲ δευτέρα δύο, ἐπὶ τετραγώνου ἐγηγερμένη, μίαν παραλλαγὴν ἔχουσα παρὰ τῆς ἐπὶ τῆς βάσεως γωνίας, ὑπὸ τριῶν ἐπιπέδων περιεχομένη, τὴν κατὰ κορυφὴν ὑπὸ τεττάρων συγκλειομένη, ὥστε ἐκ τούτου δυάδι ἐοικέναι· ἡ δὲ τρίτη τριάδι, ἐπὶ ἡμιτετρα- 15 γώνου βεβηκυῖα καὶ σὺν τῇ ὀφθείσῃ μιᾷ ὡς ἐν ἐπιπέδῳ τῇ ἡμιτετραγώνῳ ἔτι καὶ ἄλλην ἔχουσα διαφορὰν τὴν τῆς κορυφαίας γωνίας, ὥστε τριάδι ἂν ὁμοιοῖτο, πρὸς ὀρθὰς τὴν γωνίαν ἔχουσα τῇ τῆς βάσεως μέσῃ πλευρᾷ· τετράδι δὲ ἡ τετάρτη κατὰ ταὐτά, ἐπὶ ἡμιτριγώνῳ βάσει συνισταμένη, ὥστε 20 τέλος ἐν τοῖς δέκα λαμβάνειν τὰ λεχθέντα. τὰ αὐτὰ δὲ καὶ ἐν τῇ γενέσει· πρώτη μὲν γὰρ ἀρχὴ εἰς μέγεθος στιγμή, δευτέρα γραμμή, τρίτη ἐπιφάνεια, τέταρτον στερεόν.᾽

1 σκεπτωμένῳ P ταὐτὸ add. Lang in adn. 4 ἴσον **ANF** 5 γονιῶν P 7 καθέκαστον **MLANFPp** πάντη x Ap Lang πᾶν AstDiels: fort. τὰ δὲ πάντα ut mavult Lang 8 εὑρίσκοις ex εὑρίσκεις ead. m. corr. **N** εὑρίσκεις p τεττάρων ex τετάρων alt. m. corr. **P** προιὼν x Ap Ast προιὸν LangDiels 9 γίνεται **ML PA** γίγνεται **BNF** τριὰς p Ast μονὰς Tannery 11—12 ἐπὶ τοῦ ... ἔχουσα solus **A** praebet: om. xp Ast: ἔχουσα ⟨δυὰς δὲ ἡ δευτέρα⟩ Tannery ἔχουσα, παρ᾽ ὃ (pro παρὰ) ⟨μονάδι ἔοικε, ἡ δὲ δευτέρα (sc. γίνεται)⟩ τὰς (pro τῆς) Lang παρα⟨πλησία μονάδι· ἡ δὲ δευτέρα γίνεται⟩ τὰς Diels 14 τὴν ⟨δὲ⟩ LangDiels: sed locus nulla fort. emendatione indiget κατακορυφὴν **NB** τε post ὑπὸ add. **F** 16 ἐν om. **B** 18 γωνίαν xApAst γωνίας LangDiels 20 ταῦτα xApAst ταὐτά LangDiels ἡμιτεραγώνῳ xApAstDiels ἡμιτριγώνῳ TanneryLang 22 γενέ^σ P 22sqq. cf. supra p. 29, 11 sq.

Ἀνατολίου.

ἡ δεκὰς γεννᾶται δυνάμει ἐξ ἀρτίου καὶ περιττοῦ· πεντάκις γὰρ δύο δέκα. κύκλος ἐστὶ παντὸς ἀριθμοῦ καὶ πέρας· περὶ αὐτὸν γὰρ εἰλούμενοι καὶ ἀνακάμπτοντες ὥσπερ καμπτῆρα δολιχεύουσιν. ἔτι ὅρος ἐστὶ τῆς ἀπειρίας τῶν ἀριθμῶν. καλεῖται δὲ κράτος καὶ παντέλεια, ἐπεὶ πάντα περαίνει τὸν ἀριθμὸν περιέχουσα πᾶσαν φύσιν ἐντὸς ἑαυτῆς, ἀρτίου τε καὶ περισσοῦ, κινουμένου τε καὶ ἀκινήτου, ἀγαθοῦ τε καὶ κακοῦ. ἔτι γέγονεν ἐκ τῶν πρώτων ἀριθμῶν τῆς τετρακτύος συν-
τεθέντων, αʹ βʹ γʹ δʹ, καὶ ὁ κʹ ἐκ δὶς ἑκάστου αὐτῶν. ἔτι ἡ δεκὰς ἀριθμὸν γεννᾷ τὸν εʹ καὶ νʹ θαυμαστὰ περι|έχοντα κάλλη· πρῶτον μὲν γὰρ συνέστηκεν ἐκ τοῦ διπλασίου καὶ τοῦ τριπλασίου τῶν κατὰ τὸ ἑξῆς συντεθειμένων, διπλασίων μὲν αʹ βʹ δʹ ηʹ (ταῦτα δέ ἐστι ιεʹ), τριπλασίων δὲ αʹ γʹ θʹ κζʹ (ἅπερ ἐστὶ μʹ)· ταῦτα δὲ συντιθέμενα ποιεῖ τὸν νεʹ. ὧν καὶ Πλάτων μέμνηται τῆς ψυχογονίας ἀρχόμενος οὕτως· 'μίαν ἀφεῖλεν ἀπὸ παντὸς μοῖραν' καὶ τὰ ἑξῆς. δεύτερον ὁ μὲν νεʹ ἀριθμὸς δεκάδος ἐστὶ σύνθεσις, ὁ δὲ τπεʹ τῆς δυνάμει δεκάδος· ἐὰν γὰρ ἐκ τῶν ἀπὸ μονάδος μέχρι δεκάδος πολλαπλασιάσῃς, συνθήσεις τὸν προειρημένον ἀριθμὸν τὸν τπεʹ, τὰ δὲ τπεʹ τοῦ νεʹ τὸ ἑπταπλάσιον. ἔτι ἐὰν ψηφίσῃς τὸ ἓν ἐν γράμμασιν, εὑρήσεις κατὰ σύνθεσιν τὸν νεʹ. ἔτι δὲ ἡ γονιμωτάτη ἑξὰς ἐφ' ἑαυτὴν πολλαπλασιασθεῖσα

2sqq. = An. p. 39, 4 sqq.   3—5 = Lyd. III 4. Philo de op. m. 15   6 παντέλεια Philo 1. l. de vita Mos. III 4. 5.   IV 26. quaest. et sol. in Gen. II 32. IV 110. Hierocl. FPhG. I 464. Lyd. I 15. Isidor. Migne PL. 83, 190 sq. etc.   6sqq. = Theo p. 106, 7sqq. 15 cf. Philo de vita Mos. III 4   16 Πλάτων Tim. 35 B cf. [Soter.] in Nicom. Ar. p. 3, 9 sq. Hoche   23 γονιμ. cf. Lyd. I 17. Clem. Al. strom. V 14, 93, 4.

---

2 περισσοῦ xpAst περιττοῦ A   4 αὐτὴν malim: cf. Lydum κάμπτραν AMPp κάμπραν LNBF corr. Ast   5 ὅτι xApAst ἔτι scripsi cl. An.   9sq. συντεθέντων yA συνθέτων Pp Ast 15 εἰσὶ xApAst ἐστὶ scripsi: cf. An. et v. 14   συντεθέμενα B 16 μέμηται F   19 ἐκ τῶν corrupta videntur: om. An.: ἑξῆς τοὺς corr. Ast: ἐφ' ἑαυτοὺς τοὺς correxerim   20 συνθείσης B malim ⟨καὶ⟩ συνθῇς, ⟨ποιήσεις⟩   21 τὰ δὲ τπεʹ om. F   τοῦ] A τὸ M τὸν LNBFP   23 ἑαυτὴν xAAn. ἑαυτῇ pAst (at cf. adn.)

δυνάμει ἐπιγεννᾷ τὸν λϛ΄· ἔστι δὲ ἑπτὰ τούτου μέρη γεννώμενα οὕτως, δὶς ιη΄, τρὶς ιβ΄, τετράκις θ΄, ἑξάκις ϛ΄, ἐννεάκις δ΄, δωδεκάκις γ΄, ὀκτωκαιδεκάκις β΄· γίνεται μέρη μὲν ⟨ἑπτά⟩, ἀριθμὸς δὲ ὁ νε΄. ἔτι τρίγωνοι πέντε κατὰ τὸ ἑξῆς γεννῶσι τὸν νε΄, γ΄ ϛ΄ ι΄ ιε΄ κα΄ (γίνονται νε΄)· πάλιν τετράγωνοι πέντε κατὰ τὸ ἑξῆς, α΄ δ΄ θ΄ ιϛ΄ κε΄ (γίνονται νε΄), ἐκ δὲ τριγώνου καὶ τετραγώνου ἡ τοῦ ὅλου γένεσις κατὰ Πλάτωνα· ἐκ μὲν ⟨γὰρ⟩ ἰσοπλεύρων τριγώνων τρία σχήματα συνίσταται, πυραμὶς ὀκτάεδρον εἰκοσάεδρον, ἡ μὲν πυρὸς σχῆμα, τὸ δὲ ἀέρος, τὸ δὲ ὕδατος, ἐκ δὲ τετραγώνων ὁ κύβος, τοῦτο δὲ σχῆμα γῆς ἐστιν.

---

7 sq. Πλάτωνα Tim. 64 sqq.

---

1 sq. γινόμενα x Ap Ast γεννώμενα scripsi cl. An. 2 ϛ΄] ἓξ NF 3 γ΄] τρία B ὀκτωκαὶ δεκάκις P γίνονται x Ap An. Ast γίνεται scripsi μέρη] μέχρι P 4 ἑπτὰ add. Ast; λείπ⟨ει⟩ ἀριθμός τις add. marg. manus rec. P τρίγωνα x Ap Ast τρίγωνοι scripsi: cf. v. 5 sq. et An. 5 γίγνονται NF γίνεται A γίνονται νε΄ om. An. 6 γίγνονται NF 7 sq. πλείονα x Ap Ast Πλάτωνα correxi cl. An. 8 γὰρ addidi cl. An. 8 sq. συνίστανται x Ap Ast συνίσταται scripsi: cf. An. 9 πυραμὲς ex πυραμίς alt. m. corr. P 9—11 cf. supra p. 31, 5 sqq. 11 τέλος add. ALNBF τέρμα|τέλος MP

INDICES

I. Nomina Propria

(numerorum epithetis exceptis)

Αἴγυπτος. τῆς Αἰγύπτου 41, 12. *ἐν Αἰγύπτῳ* 7, 11. *Αἴγυπτον* 53, 1. *εἰς Αἴγυπτον* 53, 5.
Ἄϊδος (Hom. Θ 16) 6, 13.
Αἴολος 28, 17. *Αἴολον* 28, 14.
Ἀκαδημίας 82, 11.
Ἀνάγκην 81, 19.
Ἀνακρέοντος 52, 19 sq.
Ἀναξαγόρου 6, 19.
Ἀνατόλιος 5, 20. 29, 6. *Ἀνατολίου* 7, 14. 17, 3. 30, 16. 42, 18. 54, 10. 75, 1. 86. 1. v. ad 78, 13.
Ἀνδροκύδης ὁ Πυθαγορικὸς ὁ Περὶ τῶν συμβόλων γράψας 52, 8 sq.
Ἄρεος 75, 20.
Ἀρισταῖος ὁ Πυθαγορικός 54, 8 sq.
Ἀριστόξενος 52, 10.
Ἁρμονίαν 73, 9.
Ἁρπάγου τοῦ Μήδου 52, 20 sq.
Ἀτρείδη 26, 14.
Ἄτροπος 4, 9.
Ἀφροδίτης 75, 18.
Ἀχαιῶν (Hom. Θ 71 sqq.) 42, 14 sqq.

εἰς Βαβυλῶνα 53, 2 sq.
Βαβυλωνίων οἱ δοκιμώτατοι 56, 14. *Βαβυλωνίοις* 66, 3.
ἐν Βουραστῷ 41, 12.

Γερασηνοῦ 42, 2. 56, 9 (v. *Νικόμαχος*).

Δαναοί (Hom. ε 306) 26, 15.
Διοκλῆς 64, 11. *Δ. ὁ Καρύστιος* 62, 8 sq.

Ἕλληνες 83, 8.
Ἐμπεδοκλῆς 22, 20. *οἱ περὶ Ἐμπεδοκλέα* 6, 15.
Ἐρατοσθένης 75, 8.
Ἑρμοῦ 75, 17 sq. *Ἑρμῇ* 28, 4.

Ἑστίας 6, 17. *Ἑστίαν* (Eurip. fr. 938) 6, 20.
Εὐβουλίδης ὁ Πυθαγορικός 52, 9 sq.
Εὐριπίδης (fr. 938) 6, 18 sq.
Εὐφόρβου 52, 17.
Ζεύς. Διός 75, 20. *Διὸς μητέρα* 14, 6.
Ζωροάστρης 56, 15.

Ἡλίου 75, 19.
Ἡρακλέα 28, 1.
Ἡσιόδῳ 5, 16.

Ἱππόβοτος 52, 10.
Ἱπποκράτης 28, 7. 55, 13. 62, 8. 64, 13. *ὁ ἰατρὸς Ἱπ. ἐν τῷ Περὶ παιδίου φύσεως* 61, 14 sq.
Ἱπποτάδης 28, 15.
Ἰώνων 52, 21.

Κάδμου 73, 9.
Καμβύσης 53, 3 sq. *ὑπὸ Καμβύσου* 53, 1.
Καρύστιος (*Διοκλῆς ὁ*) 62, 8 sq.
Κλεινίας ὁ Ταραντῖνος 21, 10.
Κρόνος 74, 17. *Κρόνου* 75, 21.
Κουρήτων 78, 8.

Λίνος ὁ θεολόγος ἐν τῷ Πρὸς Ὑμέναιον δευτέρῳ Θεολογικῷ 67, 4 sq.

Μασσαλίαν 52, 22.
Μέγιλλος ἐν τῷ Περὶ ἀριθμῶν 34, 21 sq.
Μήδου (*Ἁρπάγου τοῦ*) 52, 21.
Μοῖραι 19, 5.
Μουσῶν 74, 19. 80, 9.

Νεάνθης 52, 10.
Νικομάχου 3, 2. *Νικομάχου Θεολογούμενα* 17, 14. cf. ad 20, 1. *ἐκ*

τοῦ περὶ πεντάδος λόγου δευτέρου τῆς Ἀριθμητικῆς τοῦ Γερασηνοῦ Νικομάχου 42, 1 sq. *ἐκ τοῦ δευτέρου βιβλίου τῆς Ἀριθμητικῆς τοῦ Γερασηνοῦ Νικομάχου* 56, 8 sq.

Ξενοκράτου 82, 11 sq.
Ξενοφάνους τοῦ φυσικοῦ 52, 19.

Ὁμήρου 42, 11 (Θ 69—74.) *Ὁμήρῳ* 19, 11. (Ο 189) *Ὅμηρον* 6, 13 (Θ 16). Homeri 26, 14 sq. cit. v. ε 306. 82, 6 sq cit. vv. α 53 sq.
Ὀρφεύς 78, 7. *Ὀρφεῖ* 48, 8.
Ὀστάνης 56, 15.
Πάν. ἀπὸ τοῦ μυθευομένου Πανός 80, 16 sq. (*οἱ περὶ*) *Παρμενίδην* 6, 16.
Περιπατητικὸς 62, 8 (*Στράτων ὁ*).
Πλάτων 31, 6. 54, 2. 55, 11. 86, 16. *Πλάτωνος* 82, 11. *ὑπὸ Πλάτωνος* 53, 9. *παρὰ Πλάτωνι* 51, 25. *κατὰ Πλάτωνα* 87, 7 sq. *Πλάτων ἐν τῷ Θεαιτήτῳ* 11, 14.
Πολυκράτους 52, 20. 53, 4
Πρῶρος ὁ Πυθαγορικὸς ἐν τῷ Περὶ τῆς ἑβδομάδος 57, 15 sq.
Πυθαγόρας 40, 8. 52, 22 sq. 53, 5. 78, 7. *ὑπὸ Πυθαγόρου* 7, 1 sq. *Πυθαγόραν* 22, 19. 52, 13 *ἐν τῷ δηλουμένῳ Περὶ θεῶν συγγράμματι ὁ Π.* 21, 7 sq.
Πυθαγόρειοι 6, 4. 7, 1. 29, 5. 57, 13. *Πυθαγορείοις* 6, 15.
Πυθαγορικός 52, 9 (*Ἀν-*

INDICES 89

δροκύδης). 10 (Εὐβου-
λίδης). 54, 9 (Ἀριστα-
ος). 57, 16 (Πρῶρος)
τῷ Πυθαγορικῷ περὶ
δικαιοσύνης ὅρῳ 37,1 sq.
ἐν τῷ Πυθαγορικῷ ὀρ-
θογωνίῳ τριγώνῳ 50,
21 sq. Πυθαγορικώτε-
ρον 56, 13 sq.
Πυθαγορικοί 7, 3 sq. 48. 7.
63,6. 80,2. Πυθαγορικῶν
ἀκροάσεων 82, 12 sq.
Περὶ Πυθαγορικῶν ἀρι-
θμῶν Speusippi opus
82, 14 sq.
Πωτώνης 82, 10.
Ῥέα 74, 7. Ῥέας 74, 7. 16.
Σελήνης 75, 17.
Σόλων. κατὰ τὸ Σόλωνος
ἀπόφθεγμα 26, 8.
Σπεύσιππος 82, 10.
Στράτων ὁ Περιπατητι-
κός 62, 8.
Ταραντῖνος 21, 10 sq.
(Κλεινίας ὁ).

Τιτάν 82, 4.
Τύχη 71, 11.
Τρώων (Hom. Θ 70, 74)
42, 14. 17.
ἀπὸ τῶν Τρωικῶν 52, 18.
Φιλόλαος 74, 10. Φιλο-
λάου 82, 13. κατὰ τὸν
Φιλόλαον 81, 15 sq.
Φιλόλαος ἐν τῷ Περὶ
φύσεως 25, 18.
Φωκεῖς 52, 21.

II. Epitheta numerorum

1. Μονάς
αἴτιον ἀληθείας 6, 6.
ἀλαμπία 5, 18.
ἁπλοῦν 6, 7.
ἅρμα 6, 10.
ἀρσενόθηλυς 4, 1.
ἄτρεπτος ὡς ἀληθῶς καὶ
μοῖρα Ἄτροπος 4, 8 sq
γονή 5, 20.
ὁ ἡμιουργός 4, 9.
εἶδος εἰδῶν 2, 22.
ἐν χρόνῳ ὁ νῦν ἐνεστώς 6,9.
εὐδαιμονία 6, 10.
Ζεύς 14, 7.
ζωή 6, 10.
θεός 3, 21.
ἐν μείζονι καὶ ἐλάσσονι τὸ
ἴσον 6. 7.
ἐν ἐπιτάσει καὶ ἀνέσει τὸ
μέσον 6, 8.
ἐν πλήθει τὸ μέτριον 6, 9.
Μνημοσύνη 81, 19.
ναῦς 6, 10.
νοῦς 3, 21. 6, 4.
οὐσία 6, 6.
πανδοχεύς 5, 13.
παράδειγμα 6, 7.
πλάστρια 4, 10.
Προμηθεύς 4, 12.
Πρωτεύς 7, 10.
σκοτωδία 5, 18.
σύγκρασις 5, 18.
σύγχυσις 5, 17 sq.
συμφωνία 6, 7.
τάξις 6, 7.
τὸ τόδε 16, 9 sq.
ὕλη 5, 13. 20.
φίλος 6, 10.
χάος 5, 16.
χωρητική 5, 15

2. Δυάς.
ἄνισον 11, 17.
ἀόριστος 7, 8 (cf. 12, 10).
τὸ ἄπειρον 12, 13

ἀσχημάτιστος 12, 13.
αὔξησις 8, 3.
γένεσις 8, 2 sq.
διαίρεσις 8, 3.
δίκη 13, 12.
διομήτωρ 14, 6.
δόξα 8, 1.
δύη 13, 11.
τὸ ἑκάτερον 16, 10.
ἔλλειψις 11, 17. 12, 9.
Ἐρατώ 13, 6.
ἴση 11, 1.
Ἶσις 13, 12.
κίνησις 8, 2.
κοινωνία 8, 4.
λόγος ὁ ἐν ἀναλογίᾳ 8, 4.
μεταβολή 8, 3.
μῆκος 8, 3.
ὁρμή 8, 1.
πλεονασμός 11, 18. 12, 9.
τὸ πρός τι 8, 4.
Ῥέα 14, 7.
σελήνη 4, 9.
σύνθεσις 8, 3 sq.
τλημοσύνη 13, 11.
τόλμα 7, 19. 9, 6.
ὕλη 12, 9.
ὑπομονή 13, 11.
φύσις 13, 15.

3. Τριάς
ἀναλογία 15, 5
ἁρμονία 19, 18.
γάμος 19, 20.
γνῶσις 16, 22.
εἰρήνη 19, 17.
τὸ ἕκαστον 16, 10.
Ἑκάτη 49, 13.
εὐβουλία 16, 18.
εὐσέβεια 17, 1.
μεσότης 15, 5.
ὁμόνοια 19, 18.
τὸ ⟨πᾶν⟩ 16, 11.
τέλειος 17, 4.
φιλία 19, 17.
φρόνησις 16, 19.

4. Τετράς
Αἰόλου φύσις 28, 11.
δικαιοσύνη 29, 7.
Ἡρακλῆς 28, 19.
κλειδοῦχος τῆς φύσεως
28, 13.
τετλάς 29, 2.

5. Πεντάς
ἀλλοίωσις 35, 1.
ἄμβροτος 41, 18.
ἀνδρογυνία 41, 14.
ἀνεικία 34, 11. 35, 1.
Ἀφροδίτη 41, 12.
Βουράστεια 41, 11.
γαμηλία 41, 14.
γάμος; 30, 19.
δίδυμος 41, 17.
δικαιοσύνης ἐμφαντικω-
τάτη 35, 6 sq.
δίκη 41, 11.
ἡμίθεος 41, 15.
καρδιᾶτις 41, 19.
Νέμεσις 40, 19.
Παλλάς 41, 18.
πεμπάς 41, 9.
πρόνοια 41, 10.
φάος 35, 1.

6. Ἑξάς
ἀγχίδικος 49, 23.
ἄκμων 48, 21.
Ἀμφιτρίτη 49, 21.
ἀρρενόθηλυς 43, 5.
γάμος 43, 5. 7.
διάρθρωσις τοῦ παντός
45, 11 sq.
διχρονία 49, 11 sq.
εἶδος εἴδους 45, 7.
εἰρήνη 48, 16.
ἑκατηβελέτις 49, 11.
Θάλεια 50, 2.
κόσμος 48, 18.
ὁλομέλεια 48, 6 sq.
πανάκεια 50, 2 sq.

τέλειος 42, 19 (cf. 17, 13).
τριοδῖτις 49, 11.
ὑγεία 48, 21.
φίλωσις 48, 14.

7. Ἑπτάς
ἀγελεία 56, 10.
Ἀθηνᾶ 71, 2 sqq.
ἀκρόπολις 58, 20.
ἀμήτωρ 54, 11.
δυσχείρωτον ἔρυμα 58, 20.
καιρός 59, 4. 70, 24. 71, 3 sqq.
παρθένος 54, 11.
σεπτάς 57, 15.
τελεσφόρος 55, 6.
τύχη 59, 3. 70, 24. 71, 3 sqq
φυλακῖτις 57, 9 sq.

8. Ὀκτάς
ἀλιτόμηνος 74, 15.
ἀσφάλεια 75, 2.
ἕδρασμα 75, 2.
Εὐτέρπη 74, 19 sq.

Καδμεία 73, 8.
μήτηρ 74, 5.
παναρμόνιος 73, 5.

9. Ἐννεάς
Διὸς ἀδελφὴ καὶ σύνευνος 78, 3.
ἅλιος 77, 13.
ἀνεικία 77, 14.
ἑκάεργος 78, 4.
Ἥρα 78, 1.
Ἥφαιστος 77, 23.
κόρη 78, 8.
Κουρῆτις 78, 6.
νυσσηΐτα 78, 5.
ὁμοίωσις 77, 16
ὁμόνοια 77, 12 sq.
ὁρίζων 77, 4.
πέρασις 77, 13.
Προμηθεύς 77, 6.
σύνευνος v. ἀδελφή
τέλειος 78, 16.
τελεσφόρος 78, 15.
Τερψιχόρη 78, 11.

Ὑπερίων 78, 9.
Ὠκεανός 77, 4.

10. Δεκάς
αἰών 80, 4. 81, 9.
ἀκάμας 80, 5.
ἀνάγκη 80, 4. 82, 1.
Ἄτλας 80, 5. 82, 4.
εἱμαρμένη 80, 3 sq. 81, 4.
ἥλιος 80, 6.
θεός 80, 5.
κλειδοῦχος 81, 14.
κόσμος 80, 3.
κράτος 80, 4. 81, 11. 86, 6.
Μνήμη 81, 18.
Οὐρανία 80, 9 sq.
οὐρανός 80, 3. 9.
πᾶν 80, 3. 10. 16.
παντέλεια 86, 6.
πίστις 80, 4. 81, 15.
Φάνης 80, 5.

LIBRARY OF DAVIDSON COLLEGE

Books on regular loan may be checked out for **two weeks**. Books must be presented at the Circulation Desk in order to be renewed.

A fine is charged after date due.

Special books are subject to special regulations at the discretion of the library staff.